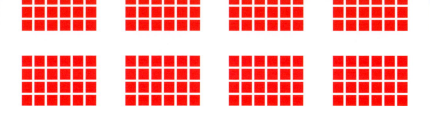

小さなヒントからニーズをつかみ最大利益を得る

TSMCから学んだ 超・効率仕事術

彭建文
山口広輝 訳

朝日新聞出版

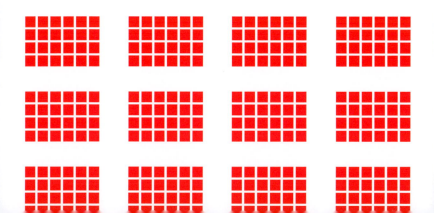

はじめに——TSMCの成長を支える「6つの原則」

私が兵役を終える2001年、台湾経済はちょうど不景気に陥っていました。働き口を見つけるのもなかなか難しく、私も10社以上の大企業に応募したものの、どの企業からも連絡は来ませんでした。

そうした大企業の中には、今をときめくTSMC（＝Taiwan Semiconductor Manufacturing Company Limited）もありました。しかし、他の企業同様、私のもとに吉報は届きませんでした。

しかし、人生とは、何があるか分からないものです。

除隊になるまで2週間を切ったある日、台湾軍の内部で開かれた就職イベントに、TSMCがブースを出展しているのを見つけました。

「とにかくチャレンジしてみよう」「たとえ0・1％の可能性でもあるなら、絶対に諦めたくない」と心に決めた私は、TSMCで働きたいという気持ちを改めて強くアピールしました。

その願いが通じ、2001年5月末にTSMCから「採用」という連絡があり、翌月18日から、私は晴れて、正式にTSMCの一員となったのです。

TSMCは、私が民間で働いた最初の会社でした。**私がTSMCで勤めた10年の間に経験した、数多くの部署での仕事は、私を大きく成長させてくれるものでした。**この会社で働いていくためには、様々なプレッシャーと向き合う力が必要です。加えて、チャレンジ精神も旺盛である必要があります。

入社後、私はまず生産管理部に所属しました。

この部署は、主に、生産管理、製造管理、プロジェクト管理、工程管理などを担当します。私はここで、「半導体」という特殊な製品をつくるための基本知識を学びました。

次に、私は志願して、品質管理システム部へ異動しました。

この部は、会社の継続的な改善活動の推進に携わります。半導体にとって、品質管理は非常に重要です。ナノメートル（1／10億メートル）の世界の製品につきまとうミスを減らすためには、TSMCが強みとしている体系的な問題解決が有益です。

また、社内研修講師という立場になった私は、TSMCの社員たちに向けて、問題分析や問題解決のための体系的なノウハウを指導するようになります。本書は、こうして社員たちに伝えてきたノウハウを詰め込んだものとなっています。

その後、私はマーケティング管理部に異動しました。

ここでは、製品の価格設定、顧客管理、マーケティング、市場分析などに携わってきました。

それだけではなく、長期的な設備投資や「キャパシティ・プランニング」と呼ばれるような生産能力計画、さらには会計管理の仕事などにも従事し、製品のコスト構造、経費計算、製品の価格・数量分析にも詳しくなりました。

このように、**私はＴＳＭＣで、様々な部署に所属して、様々な仕事を行ってきました。**それぞれの部署で、それぞれの難題に立ち向かい、一つひとつを解決してきました。

この困難を経たことにより、本書でも紹介していくような「全体を見渡す経営者」の視点を手に入れたビジネス思考や、あらゆる問題を解決するための高効率な仕事術が、身についていきました。

その成果は、社内表彰という形でも評価されました。

たとえば、ＴＳＭＣに数百人在籍している社内研修講師のうちで、約20名しか受賞できない「TSMCエクセレントティーチャー賞」を受賞することができました。

また、部署を代表して参加した「社内継続的改善活動コンテスト」でも、約1000件のプロジェクトのうち、栄誉ある第1位を獲得しました。さらには、社内で最も栄誉ある賞の一つである「TSMC特別技術者賞」の栄光も得ることができました。

私がTSMCで学んだのは、主に組織の効率性を高めるためのマネジメントや具体的な手法でしたが、それに加えて、**社内で、とくに重視されているビジネススキルについても学び、思考の土台を築くことができました。**

この時期の鍛錬はかなり大変なものでしたが、私の人生に、彩りを与えてくれるものとなりました。

本書では、TSMCが私に与えてくれた「6つの原則」をかみ砕いて紹介していきます。これらは**TSMCのDNAの一部**と言っても過言ではありません。

その6つというのは、以下の通りです。

①ビジョンを大きく
②コミットメント
③イノベーション
④継続的改善
⑤実事求是（＝事実に基づいて真実を追求すること）
⑥絶えず学ぶ

ＴＳＭＣに入社してから退職するまでの間、この「6つの原則」は、私の行動の基準となりました。

それどころか、ＴＳＭＣ退職後も、この原則は私に大きな影響を与えてくれています。今では「私自身のＤＮＡ」と言えるほどにまで、骨肉化できているのです。

ＴＳＭＣを離れた後、私は企業講師やコンサルタントとして活動しています。仕事を通じて、台湾の多くの中小企業が「業務効率の悪化」「不十分な継続的な改善」「人材育成のノウハウ不足」といった問題に直面しているのを、改めて目の当たりにしました。

一方で、TSMCで学んだ仕事の進め方やマネジメント術を、いろいろな台湾の企業にも紹介したところ、クライアントからの評判も非常に良く、小さな会社でもこの考え方が役立つことがわかってきました。

TSMCの手法をうまく取り入れることができたこれらの企業の中には、数年後には、組織全体にエネルギーがみなぎり、企業文化が見違えるように進化した会社も少なくありません。

コンサルティングや公開講座を通じて、みなさんと交流を重ねることで、TSMCで学んだ問題分析や解決方法、マネジメント、仕事の効率化はさらに洗練されたように思っています。

私は本書を通して、**TSMCで培ったビジネス思考と仕事のスキル、そしてこ数年の講座とコンサルティングの経験で培ったノウハウを、仕事をしているすべての人に余すことなく伝えきります。**

これらのスキルやビジネス思考を学び、理解し、身につけることができれば、誰でも、今まで以上に効率的に働くことができるようになると信じています。

視野が広くなり市場の全体像を見渡せるようになり、どんな難問に直面しても負けない問題解決の達人になれることでしょう。

そして、本書が出版できているのは、多くの方からいただいた糧のおかげ以外の何ものでもありません。

まずは、TSMCの在職中にお世話になった上長と同僚がいなければ、そもそも今の私はないと考えています。

加えて、TSMCを退職した後に惜しみなく力を貸してくれた、品碩創新(Pinshuo Innovation)コンサルティングで働く仲間にも、大変感謝をしています。

また何より深く感謝しているのは、家族のサポートです。これがなければ、「企業講師になる」という夢を、実現することはできませんでした。

本書は、今は天国にいる大切な祖母に捧げたいと思っています。

TSMC勤務時代の私は、遅くまでの残業が続くときは、故郷の竹南市から職場に通っていました。

残業がどんなに遅い時間までかかり、帰りが深夜になってしまったとしても、私の祖母は、毎晩、私が帰ってくるまで起きて待ってくれていました。

大切な家族の支えなくして、本書は完成できなかったでしょう。

そんな大切な本を、みなさんが手に取ってくださったことを、私は大変うれしく思っています。

彭　建文

小さなヒントからニーズをつかみ最大利益を得る

TSMCから学んだ　超・効率仕事術

目次

第1部

「ビジネス思考」を、すべてリセットせよ

第2部

「実行力」を高めるための3ステップ

高効率で高精度の「無双の仕事術」

補論

まだ若いあなたに向けて

装丁　杉山健太郎
図版　朝日新聞メディアプロダクション
校閲　くすのき舎
編集　増田侑真

第1部

「ビジネス思考」を、すべてリセットせよ

1

「ビジネス思考」は、4つの力から成り立っている

「ビジネス思考」とは何か？

本書は全体を通じて「ビジネス思考」という概念を大切にしています。では、ビジネス思考とはそもそも何でしょうか。

ビジネスとは、簡単に言うと「お金を儲けるための手段」です。企業が存続するためには、お金を稼ぎ続けなければいけません。非常に単純明快です。**お金を稼ぎ続けている企業、つまり利益を維持し続け、発展の道を歩み続けている企業は、たいてい将来性のある戦略・計画を明確に持っています。**この戦略や計画こそが、「ビジネス思考」なのです。

ビジネスの大原則は、「常に先を見続けること」。だからこそ、現在の自分が見

えているものだけに満足していてはいけません。

どのように身につけるかは、次の節以降で説明しますが、ビジネス思考とは、デスクワークをしている人に限らず、あらゆるビジネスパーソンが身につけるべき能力です。

その目的は、会社や自分自身をより良くすることで、利益や収入を安定させるためにあります。

たとえば、エンジニアの場合は、専門的な技術や知識を駆使して、製品やシステムの問題を解決するのが職務。しかし、自分が担当するプロジェクトをこなすだけではなく、プロジェクトを通してビジネス思考を養っておくべきなのです。

では、ビジネス思考によって、みなさんの仕事はどう変化し、成長するでしょうか。

第一に、**自分の仕事に対する理解を深め、マクロな視点を持って仕事に向き合うことができます。**

ビジネス思考を養うことができたエンジニアは、ただ目の前の仕事をこなすだけではなく、「自分の仕事がどのように世の中で活きているのか」を理解でき、また今の仕事の市場価値も分かってきます。自身の日々の仕事に「達成感」を得ることができ、「やりがい」も生まれてくるでしょう。

世の中には「私は、生産ライン上のネジの1つに過ぎない」と思っている社会人もいるかもしれません。

しかし、あなたの仕事が、多くの命を預かる飛行機でいえば、最も重要な意味を持つ「ネジ」である可能性は十分にあります。


第二に訪れる変化は、**ビジネスの視点から、自分の仕事が会社に与える影響を理解できる**ようになります。「経営者」と同じ目線で、経営者と同じ言葉を使いながら仕事ができるようになります。つまり、経営者相手にも、同じ土俵で対話できるようになるのです。

「本日中に2つの製品を廃棄しなければならない」という状況になったと想像してみてください。

普通のエンジニアであれば、単に業務として廃棄処理をするだけですが、ビジネス思考ができるようになると、この製品を廃棄したときの影響についても考えるようになります。

たとえば、この2つの製品が廃棄された場合、合計400万ドルの損失が発生するならば、「当該月の1株あたりの利益が、0・002ドル分も目減りしてしまう」可能性に気づくことができます。

このように視点が変わると、業務一つひとつのリスクを知ることができ、問題に対処することの重要性を再認識できるようになるでしょう。

そして、**第三に、現在の状況を冷静かつ明確に分析できる**ようになります。ビジネス思考を身につけると、市場の動きに敏感になれるとともに将来のトレンドの変化も予測できるでしょう。

いまの時代は、会社員であっても、「専門的な仕事だけを行っていればいい」わけではありません。会社の収益や財務状況に無関心で、ただ黙々と作業をこなしているだけだと、会社の資産が、実はもう底を突きかけていることにすら気づけないかもしれません。

一方で「ビジネス思考」を持った人であれば、会社が危機的な状況に陥りかけたら、いち早く問題に気づくことができます。とくに、自分や会社を取り巻く環境を広くとらえた上で問題点を発見できるので、対処法についても、早い段階で見当をつけることができます。

「ビジネス思考」を身につけられれば、仕事を進めるうえで細かな点にも注意できるようになり、ミスも減らすことができます。結果として自分の仕事をコントロールしやすくなるでしょう。

ビジネス思考を持たないビジネスパーソンは、知識が専門的なことに偏りがちになり、旧来の仕事の仕方に固執しがちになります。

非常に厳しいことを言いますが、コスト意識が欠けている彼らは、リストラの優先的な候補になってしまうことも多いのです。

ビジネス思考は、自身のキャリアを選択することにも役に立ちます。

たとえば、会社の財務報告書を読んだり、上司と会話したりした際に、「去年の会社の売上が3000万ドルだった」と知ったとしましょう。

ビジネス思考があれば、「その中で固定費はいくらなのか」「そこから支払われる自分の給料はいくらなのか」「粗利益はいくら出ているのか」と自身が置かれている状況にも敏感になることができます。

その計算をした結果、「会社はたくさん儲けているにもかかわらず、従業員のために支払われた給与が少ない」あるいは「会社はあまり儲かっていないけれども、従業員に対しての福利厚生は手厚く保証されている」。こうしたことが分かることがあります。一つの視点からではなく、さまざまな側面から考えることができるようになるのです。

企業の経営状況を理解することができれば、自分自身が、現在置かれている環境についても解像度をあげて把握できるようになります。

逆に、将来的にマネジメント職を志望していたり、起業を目指したりしている方には、「ビジネス思考」はなくてはならないスキルです。

マネジメント職であれば、クライアントや会社経営者などと打ち合わせするような機会も当然出てきます。ビジネス視点から状況を分析することができなければ、話すらできません。ビジネス思考は、共通言語のようなものなのです。

マネジメント職の人びとが仕事上で口にする言葉の多くは、職場でよく耳にするような技術的な専門用語ではなく、市場情報や顧客感覚、収益分析やコスト分析などが主たるものです。彼らは、会社経営の視点から問題や意思決定を見ているのです。

「ビジネス思考」を構成する4つの力

では、ビジネス思考はどのように身につければよいでしょうか。

ビジネス思考は、主に4つの力に分類することができます。「**プロダクト思考力**」「**マーケット思考力**」「**財務思考力**」「**競争意識力**」という能力です。

それぞれの鍛え方について、お教えしていきましょう。

① プロダクト思考力

まず1つ目は、「プロダクト思考力」です。

これは、目に見える製品（プロダクト）だけを考える力ではなく、**「製品が市場でどのように受け取られているのか？」などの視点から、自社製品のことをより深く理解すること**を示しています。

たとえばTSMCの場合、メインで扱っている製品は「半導体チップ」です。

「半導体がどのように売れているか？」を見るだけでは意味がありません。

問題は、この半導体が「何に使われているのか？」なのです。パソコンなのか、スマートフォンなのか、はたまた白物家電なのかを把握しておかなければ、自社製品を理解しているとは言いがたいでしょう。

その次の段階としては、自社の半導体が使われている製品のサプライチェーンをしっかり把握する必要があります。

理解しておくべき箇所は、自社製品が使われる部分だけではありません。サプライチェーンは「川上から川下まで」しっかりと把握しておく必要があるのです。たとえば、「自社の半導体を搭載したスマートフォンには、どんなパネルが使われているのか」。「どんなソフトウェアがインストールされているのか」。さらには、「そのスマートフォンの長所と短所はどこにあるのか？」まで徹底的に調べあげるのです。

ＴＳＭＣの社員は「自分は、半導体を製造するだけのエンジニアに過ぎない」とは考えず、社員一人ひとりが思考の幅を狭めないようにしています。

② マーケット思考力

製品が最終的に行き着く先は、市場です。

そのため、プロダクト思考力によって「製品」の側面についてだけ理解を深めたのではまだ不十分です。より直接的に「市場」についても理解を深めておく必要があります。

私が言いたいのは、**マーケティングよりももっと一般的な「市場の動向」や「トレンドの変化」を把握しよう**ということです。

あなたが、TSMCで半導体チップを製造するエンジニアになったと想定してください。

この場合に、まずすべきことは、「将来のスマートフォン市場の成長予測」を確認することです。インターネットを使えば、こうした動向や関連情報は簡単に収集できます。

「TSMC製の半導体を使用しているスマートフォン会社は、どの程度の市場シェアを持っているのか」「そのシェアは、ここ数年で伸びているのか、落ちているのか」などのポイントについては、知っておいた方がいいでしょう。

また、これらのデータには、隠された意味があることも知っておきましょう。

たとえば、自社製の半導体チップを搭載したスマートフォンの販売台数が、毎年20％のペースで伸びていることが分かったとしましょう。

このデータは、スマートフォンの需要の増加だけではなく、「半導体需要の増加とともに、自社の収益が今後大きく伸びていく」可能性を示唆しています。

このように情報を分析できれば、市場の需要に応えるために、今後の数年間をかけて、自社製品の生産能力をより増強すべきかどうか判断する基準となります。

③　財務思考力

ＴＳＭＣのような企業では、マネジメント職から工場で働く社員まで、きちんと**コスト意識を持たせる**ようにしています。

台湾の企業の中には、社員に様々な能力を身につけてもらうために、社員が自らの意志で参加できる特別講座を開設している会社がいくつか存在しています。

そうした講座を眺めてみると、「マネジメント職ではない人向けの財務講座」が多いことに気づきます。このような講座では、会社の「財務三表」（損益計算書、貸借対照表、キャッシュフロー計算書）を見て理解する方法を教えてくれます。

こうした財務三表などを、エンジニアが理解できるようになったらどうなるでしょうか。

たとえば、「先月の売上は好調で、翌月の財務三表によると、前年同月比で20%の成長の余地があることを示している」と考えることができるエンジニアは、会社にとって非常に貴重な存在です。

また、エンジニア個人にとっても、自分の仕事が「会社の収益」あるいは「コスト」などに何らかの影響を与えていることを把握できるので、ビジョンややりがいを得ることにつながります。

財務思考力の中でも、財務三表における、「コスト」と「売上」という2つの非常に重要な概念については、多くの社員が頭に入れておくべきです。

私も、TSMC内部研修や、企業研修を行うとき、よく受講生に「人件費は高いか？」「固定費は高いか？」「変動費は高いか？」などと問いました。

自分が所属する部署や会社の「コスト構造」を理解してほしいからです。

また、「会社の毎月の売上高はいくらなのか？」「粗利益はいくらなのか？」「EPS（Earning Per Share：1株当たり純利益）はいくらなのか？」なども尋ねるようにしていました。

ときには、さらに突っ込んで、「昨年と比べて、それらの数字が伸びているか？」「それとも伸び悩んでいるのか？」ということも聞いています。

コスト構造を理解できれば、「どのようにすれば、コストを削減することができ、売上を増やすことができるか」がわかり、経営の意図を理解できます。

たとえば、新たな仕事を受注できた場合、社員の立場からすれば、「仕事を分担できる人を増やしてほしい」と望むはずです。

しかし経営者の視点からすると、「1人増える」ということは、「人件費が増える」ということでもあります。つまり、目先の対応で動くのではなく、「会社の利益が伸びるかどうか？」という広い視点から、単純に人を増やすのではなく、仕事を効率的に進めていくやり方はないか。そのように考えられるのです。

④　競争意識力

ビジネス思考の4つの力のうちで、最も重要なのが「競争意識力」です。これに関しては、85ページの「企業のコア・バリューの見つけ方」でもより詳しく紹介します。

TSMCには、「競合他社のシェアはどうか?」「競合他社を上回るためにはどうすればいいのか?」と上司が部下に対して頻繁に聞いてくる文化があります。

正直に言うと、私も半導体の業界に入ったばかりのころは、同業者との競争がどれほど重要なものなのか、あまり分かっていませんでした。

自分の仕事すらままならない状態だったので、競合他社のことなんて考える余裕がなかったからです。

しかし、こういった上司の問いかけは、私たちに思考し続ける力を与え、あらゆる可能性を考えさせるための刺激になっていました。その過程で、私たちはビジネス思考が鍛えられていったのです。

ここまで述べてきたような「ビジネス思考」とは、社会で働くすべての人がまず身につけておくべき基本的な能力です。

ここで挙げた4つの力を身につけることができれば、物事に対する視野が格段に広がり、あなたのおかげで会社が変わっていくようになるのです。

2

問題を一撃で氷解させるマネジメント術

目指すのは「トータルソリューション」

仕事に一生懸命取り組んでいる人の多くは、問題が発生した際に、率先して改善策を考えます。

しかし、その策が、部分的な改善のみにとどまるケースも少なくありません。その全てが悪いわけではありませんが、ただ、**ビジネスの視点から見ると、部分的な改善は効率がとても悪い**と言わざるを得ません。これがずっと続くと、やがてライバルとの競争に負けてしまいます。

部分的な改善にとどまる原因の一つは「真の問題をとらえそこなっている」ということです。これではある特定の部分を改善した後に、また別の箇所に問題が生じてしまいます。

まず大切なのは、問題に対する意識を変えることです。「問題は、時間が解決してくれるものではない」と認識を改めましょう。

「部分的な問題を一つずつ潰していけば、問題全体は解決する」という考えも誤っているのです。この方法でいくら改善していっても、企業全体の価値は高められません。

最も重要なのは「関連するすべての問題点を見つけ出す」ことです。問題を一撃で解決する「トータルソリューション」が必要不可欠なのです。


先ほど例に挙げた「部分的な改善」と「トータルソリューション」の違いを詳しく見ていきましょう。

新製品を開発する過程で、「顧客調査の内容が不明瞭で、客とのやりとりに無駄が多い」という問題が頻繁に報告されているとしましょう。

この問題を解決すべく、営業部門で研究開発部門とのプロジェクトの立ち上げが検討されたとします。

他方で、「新製品の製造数増加により、良品の歩留まりが悪化する」ことから、研究開発部門とのやりとりの必要性を感じていた製造部門も新たなプロジェクトを立ち上げたいと考えています。

この2つの部署が改善の必要性を感じているのは、「部分的な問題」です。しかし、この両者には、新製品開発のプロセス全体の改善が必要なのです。したがって、この場合は、製造部門と営業部門が、それぞれ別のプロジェクトを立ち上げるのではなく、顧客のニーズ把握から製造に至るまでの段階で、新製品開発の工程とフォローアップ作業を全面的に整理するべきです。問題の根幹を見定める必要があるのです。

一見、複雑で難しそうに思えたかもしれません。

しかし、この開発プロセスにおける問題が全面的に解決できれば、顧客ニーズの反映や製品の歩留まりが向上し、開発にかかる所要日数も大幅に短縮できる可能性があります。

「トータルソリューション」により、**改善を行えれば、企業は他社との競争力を鍛え上げることができます。**

繰り返しになりますが、問題を解決する際には、部分的問題の解決に急いで着手してはいけません。それよりも、まずは一度立ち止まって、「どうすれば総合的に問題が解決できるか？」を考えるべきです。

複雑な問題が一気に解ける、3つのマネジメント術

TSMCから独立して以来、私は多くの企業からの相談を受けてきました。

その中で、このトータルソリューションを実践するために、とくに有効な「3つのマネジメント術」に気づくことができました。

1つ目は、「業務改革のための専門人材を育成する」ことです。

大企業であれば、「部署をまたぐ業務改善」のトータルソリューションを導く専門部署を、新たに設置するのは一つの方法です。

専門部署の設置が難しい中小企業の場合でも、こうしたトータルソリューションの発案に特化した、業務改善の専門人材を数名育成することは、それほど難しくありません。

大事なのは、「部署を横断するプロジェクト」は、専属の部署や人材が主導して行うべきということです。

たとえば、新製品開発をする場合に、その工程は、複数の部署をまたぐ場合が多いでしょう。

その際、専門部署がプロジェクトを主導し、関係するメンバー全員を招集したうえで、工程の問題を共同で解決すべきです。

部署を横断するプロジェクトでは、段階によって責任の所在が異なってくるため、多くの企業では、責任のなすりつけ合いが起こりがちです。

だからこそ、あるプロジェクトが、部署やチームを横断する場合や工程が長くて面倒である場合には、トータルソリューションを担当する専門部署が主導権を握り、工程を全面的に整理し、より良い全体的な解決策を見つけ出すべきなのです。

この際に使うべき手法を、**「ビジネス・プロセス・リエンジニアリング」（BPR）**と呼んでいます。

簡単に言うと、仕事の目的を明確にした上で、組織や制度を抜本的に見直し、仕事内容、業務のフロー、管理体制、システムをデザインしなおすことです。

ここでは、私が今まで行ってきた指導経験から確立した「BPRの5ステップ」を、次のページの図にして紹介します。

ビジネス・プロセス・リエンジニアリング（BPR）の5ステップ

1. 目標	**改善テーマの特定：** 会社全体の運営プロセス
2. As-is	**現状の分析：** フローチャートの分析の実行、問題の棚卸し
3. 問題分析	**プロセスの原因分析：** 「なぜなぜ」分析の実行、根本原因の検証
4. To-be	**プロセスの改善と刷新：** ベンチマークとの比較、小規模な実験の実行
5. SOP	**プロセスの管理と維持：** 管理計画の再考、再発防止策の立案、マニュアル化、トレーニング

まずは、社内で「どのようなプロセスで仕事が進められているか？」を示した、現状の姿（As-is）のフローチャートを描きます。

この段階では、関連部署で集まって話し合いを行い、「実際にどのような工程で作業を行っているのか？」「どのようなお金の流れがあるのか？」を細かく把握していきます。

次に、現状のプロセスにどのような問題があるのかを分析していきます。

このような流れで調べていくと、結果的に、非常に多くの問題が見つかるので、それらを総合的に見て、

「どの問題を優先的に処理していくか?」「追加でどういったプロジェクトを立ち上げるべきか?」も判断します。

その次に、これらの問題の解決策をブレーンストーミングし、理想の姿（To-be）のフローチャートを作成します。

現状の姿（As-is）のフローチャートと理想の姿（To-be）のフローチャートを比較すると、問題解決に必要な時間が大幅に短縮されます。

これにより、不要な出費も大幅に削減でき、各部門での工程もスムーズにできます。これが、BPRがもたらす効果です。

なお、39ページの図は、「新入社員の給与をどう査定するか」をフローチャートで示したものです。これを見ると、もともとの工程が減少し、作業時間も短縮できることがわかるはずです。

トータルソリューションに有効なマネジメント術の2つ目が、全社的なプロジェクトを、「技術職のリーダー」に任せてみることです。

一般的に、企業のリーダー職が担当する仕事は、2種類に分かれます。

1つは、人材を管理する仕事。これは管理職のリーダーが担当します。

もう1つが、プロジェクト改善という仕事。これは技術職のリーダーが担当した方がよく、重要で大規模なプロジェクトほどその中核を担うのは「技術職のリーダー」がよいとされます。

会社が成長し続けるためには、全社的なプロジェクトや部署横断的なプロジェクトが必要不可欠です。

その中には、継続的な改善プロジェクトもあれば、イノベーティブなプロジェクトもあります。

いずれにせよ、技術職のリーダーが中核として携わると、そのプロジェクトにかかわる人たちにも技術職が持っている管理スキルが身につきます。

さらに、部署を超えたコミュニケーションが行われたり、部下からの積極的な提案がよく出てきたりする傾向があります。その結果、プロジェクトの成功率も、飛躍的に高まります。

そして**3つ目は、プロジェクトチームの力を有効活用すること**です。

会社は、全社的なプロジェクトをいくつか実施していきながら、組織や会社の年間目標を達成していかなければなりません。これに参加することで、メンバー

新入社員の給与査定作業フロー

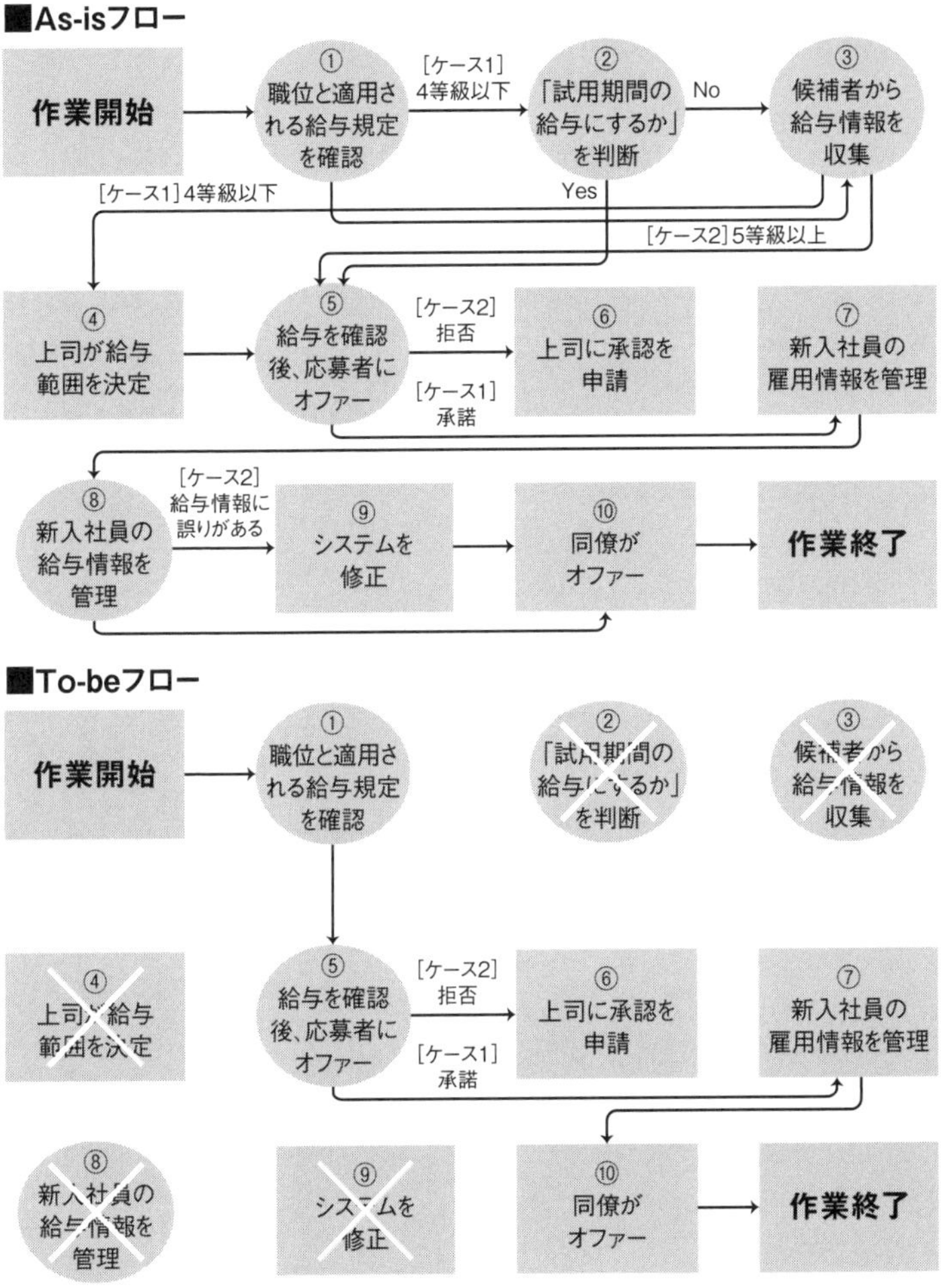

10ステップあった作業工程が5ステップに減少。給与査定の作業時間も40%減少させることができる（作業日数も5日から3日に短縮）。

は、問題の全体像を見る目を養うことができます。

また、普段接点の少ない部長以上のクラスの幹部と会議などで顔を合わせ、コミュニケーションをとれます。

また、規模があまり大きくなく、全社的な問題もそれほど多くない会社だとしても、「全社的な問題解決ができる人材を育成すること」は重要です。

部署と部署、社員と社員が有機的につながり、結束力を高め、企業の競争力を高めるべきです。時代が私たちの想像を超えて進んでいる以上、企業がプロジェクト改善を行う際に、ちょっとした改善や部分的な改善を行うだけでは物足りません。

企業は将来を見据えて、あらゆる難題に対応するために、大規模な全社的プロジェクトを積極的に行っていきましょう。

3

お客さまが見ている「価値」とは何か？

商品を売らずに「価値」を売り込む

台湾の伝統的な市場《いちば》では、野菜を買ったときに、ネギを2本おまけしてもらえることがあります。

その理由は、「ネギの原価が安いから」「そもそもネギの価格が、他の野菜に含まれているから」などいろいろ言われていますが、正確なことはわかりません。

妥当な値段で野菜を買ったうえに、追加でネギを2本おまけしてもらったら、誰だって得した気分になります。

もう1つの例を挙げます。

台湾の市場では、肉の煮込みスープも売っています。

寒い季節に温かいスープを飲むと、本当に幸せな気持ちになりますよね。しかし、あなたが家で、市場と同じくらいおいしいスープを作れるとは限りません。

ただ台湾では、屋台の店主に「鶏肉を買ってみたけれど、この店のようにおいしいスープはどうやって作るんですか?」と聞けば、ほとんどの屋台の店主は、そのレシピを教えてくれます。中には、「この鶏肉を買って、この漢方薬を使えば、おいしいスープができます。もしおいしくなかったら、返金しますよ」と隠し味の漢方薬までくれる店主もいるでしょう。

この伝統的な市場でも見られるような値段交渉や販売術を、専門用語では「バリューセリング」と言います。

それは「**消費者や顧客の注意を、商品の価格から商品の価値へと移し、価値あるサービスを提供して商品を販売する**」ということです。

逆に、顧客が値下げをしつこく要求してくる場合では、商品の価値をアピールする努力をしましょう。この手法には、大きく分けて、次の3種類があります。

① 価値訴求モデル

私はかつて、ある顧客に「商品の値段が高すぎるから、値下げしてほしい」「そうでなければ、買うことはできない」と言われたことがあります。

そのときに、私が用いたのは、この「価値訴求モデル」です。先に結果から話すと、この手法を使うことで、その顧客は、元々の価格を受け入れ、商品を購入してくれました。

私たちの商品の価格が600万円だったとしましょう。

その場合、競合他社から出ている似たような商品の価格が500万円だった場合に、数字だけ見ると、私たちの商品は高く感じてしまいます。

しかし、ほかのいろいろな側面から見ると、印象は変わってくるはずです。

たとえば、自社の品質レベルは競合他社よりも5％高く、トラブルが起きた際のフォローにかかる時間が1日早く、商品の納期が20％早い、という強みがあったとします。

こうした場合に、「品質」「迅速な対応」「納期」という優れている3つの側面から、再度コストを算出してみましょう。

その結果、「本来であれば、780万円で販売していてもおかしくない」とわかるかもしれません。

価値訴求モデルの図解

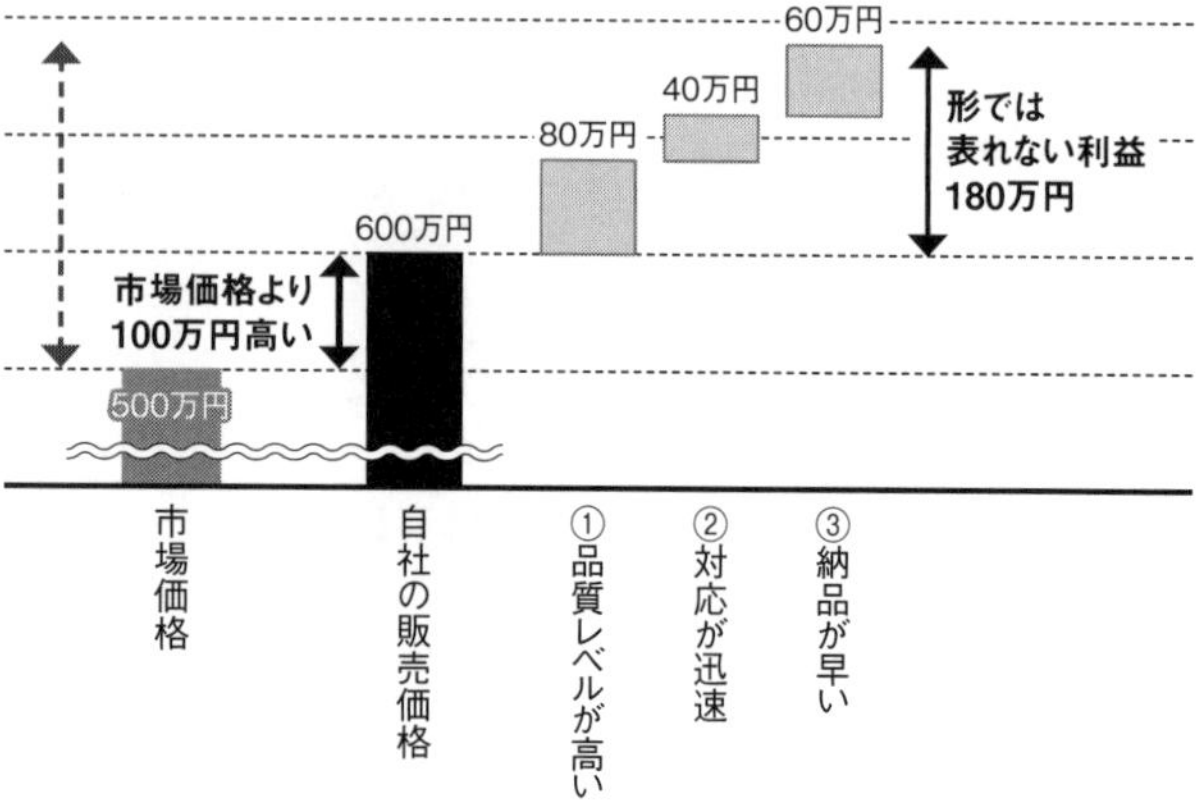

この場合には、「本来なら780万円で販売すべき商品を、われわれは600万円で販売している」と伝えます。こう聞くと、他社よりも100万円高かったはずの「600万円」という価格設定にも納得しやすいでしょう。

このように考えられるのは、私たちが提供するサービスに、顧客が価格以上の価値を感じてくれているためです。

もちろん安いに越したことはありませんが、それ以上に誰もが求めているのが「より高い品質」「より迅速な対応」「製品の早期納入」です。この部分をしっかりと説明するのが

「価値訴求モデル」の強みなのです。

さらに、形では表れない利益もあります。

それは、「私たちが競合他社よりも、顧客の求めるサービス自体を熟知している」という点です。

顧客一人ひとりに合わせてサービスを提供している場合、コストも非常にかかってしまいますが、**実際にサービスを利用して取引を行ってみた場合、他社のサービス内容と比較すると、思っていたよりも高くないとわかる**かもしれません。

これが、私がよく使う「価値訴求モデル」です。

ＴＳＭＣを離れたあとも、私は、この図を使って価値訴求モデルを伝授しています。

ただ、「価値」にもいろいろな概念があるので、社内でも不断の改善と革新が必要になります。改善と革新を続けてこそ、バリューセリングが意味あるものへと変わっていくのです。

また、もう一つの重要な点として、バリューセリングを使う際には、自画自賛的になったり、自分の意見を押し通したりするだけではいけません。

あくまで、「顧客」の視点で、いかに商品に価値を感じてもらえるかが重要なのです。

② システム的なシミュレーション

顧客が製品を選ぶときには、細かくコストを計算しています。

TSMCは、いろいろな大きさのウェハー（シリコンでできた薄い基板）とフォトマスク（ウェハーに回路を描き込むための原版）を販売しています。

そして、このいろいろな大きさのウェハーとフォトマスクを組み合わせて、さまざまなバリエーションの商品を作ることができます。

TSMCでは、顧客から基本的なニーズを聞くことさえできれば、いくつかのパターンの中から希望のものを選んでいき、最も適した組み合わせを提案できます。

それぞれの製品を組み合わせたときの「メリット」と「デメリット」をお伝えできるので、顧客にとって、最も価値のある組み合わせを見つけやすいのです。

たとえて言うなら、「火鍋の具材を選ぶ」ようなものだと考えてみてください。

火鍋を食べるときには、「どんな具材を食べたいのか?」「スープのベースは辛いほうがいいのか?」「口当たりはあっさりしていたほうがいいのか?」など、一つひとつあなたが望むものを選んでいけば、最終的にあなたが最も食べたい火鍋を作り出すことができます。

顧客も、このような取引のほうが「手間がかからないうえに、非常に費用対効果が高い」と感じてくれるでしょう。

このシステムを気に入れば、必ず2度目、3度目と、お客さまがリピーターとなって来店してくれるに違いありません。

③　コスト改善プロジェクト

「いかに価値を提供するのか?」に関連した話をしましょう。

顧客は、どうしても毎年毎年、値下げの圧力をかけてくるものです。そういった要望に対しては、**「一定の値下げ」を毎年実施してみる**のも効果的です。

顧客への値下げを実現するためには、一定の粗利益を確保するために、社内のムダを省く必要が出てきます。この機会に、コストを見直すべきなのです。

たとえば、ある製品を3ドル値下げして、それを顧客に還元するとしましょう。この「3ドル」は、会社の粗利益を侵食することになります。会社としては、「3ドルのコスト削減」を目標として設定し、それを必ず達成する必要があります。これにより、会社の粗利益が、一定の水準を毎年キープするようにします。「毎年、いくら販売価格を引き下げるのか？」に合わせて、コスト削減を目標としたプロジェクトの達成目標をつくる必要があります。

もしも、この余分なコストを削減した幅が、販売価格の引き下げの幅より大きければ、会社の粗利益は以前よりも増えることになります。

こうした**継続的なコスト改善のプロジェクトは、いずれ社内のDNAとなり、「価値の上昇」と「売上の増加」を達成するためのきっかけにもなる**でしょう。

このような習慣が根づいていれば、顧客からお金をいただく際には、「顧客に、どのような価値が提供できるか？」「顧客は、この品質・サービスにお金を払ってくれるか？」「競合他社はこの価値・サービスを持っているか？」「この価値は独自性があるか？」など、常に自問自答する必要があると気づけるでしょう。

このように、「価値」を出発点に思考を重ね続けることで、新たな思考も刺激されていくのです。

心変わりしない顧客を育てる

台湾には「商品に文句を言ってくる客こそが、本当の買い手」ということわざがあります。

これは、「文句を言ってくる客の意見にも、まずは耳を傾け、希望に応じた商品を提案することで、商品を買ってもらえる」という商売の道理を意味しています。

一方で、顧客が商品に対して不満や疑問を持つことは、自然なことです。

顧客は、商品を買う過程で、「得をしたい」といろいろな選択肢を検討するため、どうしても意見は変わりやすくなります。

「どうして顧客が心変わりしたのか？」という原因の究明に時間を費やすくらいなら、**「自分自身に問題がなかったのか？」とか「自分自身が、どのように改善すればよいのか？」に対して目を向けてみるべき**です。

そもそも、あなたやあなたの会社が、すでに高い価値を提供できているなら、顧客はすでに殺到しているはずです。

なによりもまず、**「自分を磨くことが第一」**です。それが、顧客を心変わりさせないための「最初の第一歩」です。

ビジネスパーソンが、専門スキルを磨いて、仕事の効率を上げることができれば、その努力は目に見える形となって表れる可能性が高いでしょう。こうした積み重ねは、昇進や昇給へとつながっていきます。

ある日、私の友人が、相談に来たことがあります。

その友人は、「10年間一生懸命働いてきたのに、ほとんど成長していない」と嘆いていました。

私は彼に「自分の仕事のパフォーマンスを振り返っているか?」「あなたがどのように評価されているのか、を上司から聞いたことがあるか?」「自分がどのように見えているか、と同僚や顧客に聞いたことがあるか?」と尋ねてみました。

この友人は、定期的な反省や仕事の振り返りをしたことがなく、「ただ出勤して仕事をこなす」だけの日々を、10年間繰り返してきただけでした。

仕事の質を上げていくためには、フィードバックや自己反省を通じて、改善すべき点を理解することが重要です。また、自分の弱点や成長の余地がある分野にスポットライトを当て、1年間の仕事目標を設定してみるべきです。

だからこそ、私は彼に「**職場で達成感を得るには、常に目標に意識を向けてみると良い**」と心からのアドバイスを送りました。

そして、一年に一度は、自分の仕事の振り返りをしてみることを勧めてみました。

ここで、私はこうも考えました。「個人だって成長するのは大変なのだから、企業も同じ状況なのではないか」と。つまり、企業も変わる必要があるのです。

考えてみてください。あなたが勤務している会社は、マネジメント体制を通して、毎年の経営を全体的に見直したり、マネジメント体制そのものをさまざまな視点や角度から考えたりしているでしょうか。

多かれ少なかれ改善を行っている会社や部署でも、包括的かつ多面的に行えているわけではありません。一度見直しをしたら、何年もそのままにしている企業も多くあります。

時代が変わっていく中で、旧来の商品や旧来のサービスのままで、消費者の支持を得ることは不可能です。商品には、新しい価値を取り入れ続けていく必要があります。

そのために、企業経営を改善するためのポイントは、「**外部顧客監査**」と「**顧**

客満足度調査」の2つです。

① 外部顧客監査の活用

顧客から「業務監査に行く」と言われると、気が重くなるはずです。顧客が業務監査に来るたびに、膨大な事前作業でてんやわんやになってしまうからです。延々とレビュー報告も行わなければなりません。

そのため、多くの会社は顧客が監査に来るのを嫌がり、「監査回数は少なければ少ないほどいい」と考えているようです。

しかし、優秀な会社は、監査を恐れません。外部顧客の監査の機会を生かして、経営効率を強化し、顧客とのさらなる信頼を築こうとするのです。

顧客監査への対応は面倒な作業ではあります。しかし別の見方をすれば、**顧客監査を通じて、会社は、自分たちでは見えていなかった「マネジメントの弱点」を知ることもできます。**

ときには、顧客に改善方法を尋ねるのも有効でしょう。

監査は、会社の経営体質を検査するためのいい機会です。顧客からの改善提案があれば、プロジェクトベースで社内の改善を進められます。

前向きに見れば、監査は顧客に貢献するだけではなく、顧客との強固なパートナーシップを維持し、信頼を獲得し、会社の経営体質を強化し続けるために利用できるのです。

② 顧客満足度調査

会社とは、顧客にサービスを提供するために存在しています。

そのため、顧客は間違いなく会社の重要なパートナーです。「顧客なくして会社はなし」なのです。

したがって、顧客の声を聞き、いかに顧客のニーズを満たすかは、会社の革新と改善において、極めて重要な要素となります。

顧客の満足度やニーズを十分に把握するために行われる顧客満足度調査は、中立的な第三者のコンサルティング会社にお願いするのが理想的です。加えて、調査には、「なぜ、この項目では満足度が低いと答えたのですか?」、逆に「なぜ満足度が高いのですか?」といった項目も含めるべきです。

また、**顧客満足度調査は競合他社と比較すべき**です。比較したうえで違いを分析し、裏付けとなる情報を調査し、資料にして示すべきなのです。

会社は、顧客の意見を定期的に収集、検討・分析し、適切な改善計画を提案するなど、顧客満足度を高めるための仕組みをつくるべきでしょう。顧客満足度の向上は、最終的に顧客のロイヤリティと自社の成長につながります。

人間誰しも、常日頃から人を大切にしている人には、その厚意に応えたくなるものです。

私の観察では、「わが社は顧客第一主義だ」と言いながら、実際には、自社の利益を優先している会社は多くあります。

「顧客第一主義」というコア・バリューに本当に沿ったマネジメントの仕組みを明確に打ち出すことで、会社は初めて継続的な改善が行えて、経営体質を洗練していくことができるのです。

4

コリ固まった思考をほぐし、柔軟な意思決定をする

ブレイクスルーはどこに宿るのか？

問題に直面したとき、私たちは、しばしば既成概念にとらわれます。変化を恐れて過去の考え方にとらわれたり、様々な声や提案に耳を傾けることができなくなったりすると、効果的な問題解決ができなくなります。

問題を解決するためには、**「広い視野」**と**「経営者の視点」**が必要です。この2つの方向から考えることができれば、ほとんどの問題は解決できます。

私は、今、企業コンサルタントとして働いています。

日々の仕事の中で、クライアントに対して、問題解決の提案を行っています。

私から問題提起を受けたクライアントの多くは、「たいした問題ではないのではと、当初は感じるそうです。

しかし調べていくにつれて、抱えている問題が非常に難しいことに気づき、「解決なんてできるわけがない」とさえ思うそうです。

実は、このように思ったときが、ブレイクスルーの瞬間です。

世界中に製品を展開しているある大手IT企業では、毎年、ゼネラルマネージャーが、いくつかのプロジェクトを各チームに割り当て、問題解決をさせています。

そのプロジェクトの一つとして、「生産能力の問題を解決する」ことが求められました。

時間あたりの生産能力を飛躍的に増大させることで、会社はより多くの利益を上げられます。このプロジェクトは、ゼネラルマネージャーにとって、非常に重要な問題でもありました。

担当チームは、「部品などを加工したときに、加工後の製品の張りが強くなりすぎている」ことが、最大のキーポイントだと考えました。

これをクリアするために、担当チームは、「センサーを設置すること」という解決策を提示しました。

はたして、この解決策で、本当に十分だと言えるでしょうか。

私たちは「暑い」と感じたら、スイッチを押してエアコンをつけます。暑さであれば、これで解決するかもしれません。

しかし、実際の問題解決のときには、多くの場合、新しい機器を取り付けたり、スイッチを入れたりするだけではうまくいきません。

この場合、センサーを設置することのメリットは、作業をすぐに中断できることです。これにより、トラブルの拡散を防げたり、損失を大きくせずに済んだりします。

ただセンサーは、チームが解決すべき「張りが強すぎる」という根本問題の解決には寄与しません。これは解決策とは言えず、ただの対症療法に過ぎません。

では、このプロジェクトチームは、なぜこのような考えに至ったのでしょうか。

プロジェクト担当者には、頭の中で様々な案が浮かんだはずですが、実行可能な案かどうかを強く意識したはずです。

考えた案が「実現不可能だ」と思うと、そのアイデアにはフィルターがかかり、結果的に、プロジェクトメンバーは、実現可能な解決策しか考えなくなっていきます。そしていつの間にか、思いつきやすいものだけが、「問題解決の唯一の方法」になっていくのです。

そうではなく、**問題に対峙するときには、すでにある枠組みから抜け出し、現状や過去の思考から解放されたうえで考え抜くべき**です。

過去の思考や枠組みから脱却するにはどうするべきでしょうか。

創造性は、「自由奔放」から始まる

まず、問題を根本から解決するための策を、数分だけ考えてみます。

この段階で重要なのは、**「その案が実現可能かどうか?」を考えない**ということです。実現不可能と思われる解決策は、上司にとって実現可能に見えることだってあります。今年は実現不可能なものでも、来年は実現可能になるかもしれません。

このとき、私はいくつかのルールを提示しています。

とにかく自由気ままな発想をすることです。非合理的な解決策や一見あり得ないような解決策も、とにかくすべて出してみるのがポイントです。数としても、ある問題を対象にした場合には、5つ以上の解決策を出してみましょう。まずは解決策をたくさん出してから、次のステップで、それぞれの解決策の実現可能性を検討します。

アイデアを出す際は、最初の段階でふるいにかけてしまうと、そのアイデア自体が消えてしまいます。問題の根本的な解決策のタネを持っていたメンバーの意見を知るすべもなくなります。

次に、メンバー同士で、実際に話し合ってみましょう。そして、「どのような恒久的な解決策であれば、問題を根本から解決できるか？」を考えてみます。考え方のルールを変えるだけで、革新的で根本的な解決策が思いつくこともあります。

コリ固まった思考を変えることは、爆発的な力を生み出す原動力になります。

そして、成功する企業には、他社には真似できないような柔軟な思考が備わっているものです。

あなたの会社には「備え」がありますか？

今の時代、会社は常に「変革」を求めています。

変革とは、人為的な意思決定のことです。つまり、なにかを変革するためには、人の手による操作や実行が必要不可欠です。

あなたは社員として、「変革」に備えられているでしょうか。

あなたの会社は、企業変革を見据えて、適切な人材を採用できているでしょうか。人員配置を調整し、具体的な対策を講じているでしょうか。


ここからは、様々な企業で得た経験をもとに、「情報システム部門（ＩＴ部門）のマネジメントにおける変化」という観点から、デジタルトランスフォーメーション（ＤＸ）とＡＩ化を例として説明していきます。

まず、ＤＸやＩＴ化の推進には、「ＩＴ人材の人数比率」に着目すべきです。

この「ＩＴ人材の人数比率」とは、会社の全社員数に対して、ＩＴ人材が占める割合のことです。

自社で情報システムの管理や維持、開発の必要がある場合は、ゼロから自社でIT人材を育成しなければなりません。そのため、**必然的に、IT人材の比率を高める必要があります。**

一見すると、これは膨大な人件費を使ってしまうように思えますが、長い目で見れば、会社に大きなリターンをもたらすでしょう。

テクノロジー産業であれば、この「IT人材の人数比率」を高めるべきなのは言わずもがなです。

IT産業以外の業種でも、会社のすべてのシステムを外注したら、システムの連携やメンテナンスのために、一定以上の割合のIT人材が必要となります。

私は、クライアントに対して、「IT部門の社員には、体系的に、問題を分析・解決するノウハウを身につけてもらうべき」と伝えています。

システム・プログラムを書く人は、顧客とコミュニケーションをとり、そのニーズを理解しておくべきです。

システムを構築する過程では、顧客や社員との円滑なコミュニケーションは必須です。そのコミュニケーションを前提として、遭遇した問題を迅速に解決していくのがプログラムを書くうえでは重要です。

そのため、問題解決のプロセスとして、「論理的思考スキル」や「問題解決のツール・方法」も身につけておくべきでしょう。

こうしたシステムによる**問題解決プロジェクトにおいては、IT部門のメンバーにも必ず参加してもらうようにしましょう。**その大きな理由は、IT部門のメンバーが入ることで、他のメンバーがシステム言語の論理を理解できるからです。

さらに、IT部門のメンバーも、生産ラインで飛び交っている言葉を理解する機会を得られます。

これにより、IT部門のメンバーも、他部署のニーズを把握したうえで、それをよりよく満たすためのプログラムが書けるようになっていきます。

私がここで強調したいのは、「企業変革」は、機械を設置したり、スイッチを押したりするだけでは無理だということです。

なによりも重要なのは「思考が、実際の行動に結びついているかどうか」です。変革は、机上だけでは起こすことができません。

とくに、思考の改革は、ビジネスにおいて非常に強い爆発力をもたらします。あなたが「変革」を目指すならば、まずは自分自身の考え方をチェックしてみましょう。

どんな変革も、口で言うだけなら誰でもできます。一方で「やる」と決めたら、本気でやらなければなりません。また、その方法も熟知しているべきです。

すでに方針が決まっているのであれば、企業のＩＴ人材の比率の増加など、実際に目に見える対策はいくつもあります。

それ以外にも、「社員たちの中で、同じミスは二度繰り返さないという考えが浸透しているか？」「社員たちの問題解決能力や業務スキルが継続的に向上しているか？」など。これらは、私たちが気をつけておくべきチェックポイントなのです。

5

常に「改善」し続けるという発想

仕事に対する情熱を燃え上がらせる方法

「改善」という言葉を聞いて、どのような企業を思い浮かべますか。
台湾では、TSMCや鴻海《ホンハイ》。世界に目を向けたら、トヨタを思い浮かべる人もいるでしょう。

これらの企業の成功を語る際に、最も重要な理由といわれているのが、「継続的改善の文化がある」ことです。

台湾で好まれている「**十年一剣を磨く**」ということわざのように、継続的に物事を改善していくことは、非常に重要なことです。

成功とは偶然に起こるものではなく、不断の努力の積み重ねの結果です。

私の経験をもとに言うと、継続的な改善の重要な柱として活用できるのが「CIT活動」です。

CITとは、「Continual Improvement Team」（継続的改善チーム）の頭文字をとったものです。これは、**「企業の体質改善」**と**「競争力強化」**を目的としたチームのことです。

このようなチームを構成できると、部署の違いを問わずに、システマティックかつ継続的に問題解決を行えるようになります。

私は企業コンサルティングを通して、台湾の中小企業に「継続的改善」の文化をゼロから根付かせようとサポートしてきました。

たとえば、継続的改善の仕組みや問題解決ツールを導入していない従業員数100人規模の会社が、私に次のように相談してこられたことがありました。

その会社には、前職で大手テクノロジー企業に数年間勤めていた新入社員がいました。彼は、個人的な事情で、この企業に移ってきたそうです。

この中小企業の社風は、かなり「伝統的」でした。会社の環境、オフィス、カフェテリアに至るまで、大手テクノロジー企業のものとは全く異なっていました。

こうしたものを目の当たりにしたこの新入社員は、入社の翌日に恋人に電話をかけていたそうです。その内容は「会社の環境が想像していたものとだいぶ違うから、今の会社にはいつまでいるかわからない。もしかすると、すぐに辞めるかもしれない」という悲惨なものでした。

その1週間後、ちょうど社内で「継続的改善」を競うコンペがありました。この新入社員は、所属部署の上司から、このコンペに参加するように声を掛けられたそうです。

この社員はコンペに参加し、そのことで、社員たちの熱量を感じとることができたと言います。そして、他の部署が、どのようにプロジェクトを改善しているかを観察することができたそうです。

このコンペの一部始終を見た彼は、また恋人に電話しました。そして今度は「中小企業レベルのイベントで、同僚の熱意と団結力を目の当たりにするとは思ってもいなかった」と語りました。

彼がこのコンペで目の当たりにしたのは、「**チームの向上心**」でした。これは、今までの大企業では感じたことのない情熱や雰囲気だったと言います。そして、彼は、会社に残ることを決めたそうです。

この話を聞いた私の胸には、いろいろな思いがよぎっていました。

継続的改善が定着するまでには、非常に時間がかかります。また、短期間では効果が見えにくく、企業が覚悟を持って続けない限り、継続的改善による強い効果は表れにくいのです。

実際、台湾でも多くの企業が目先の利益を追求するあまり、このような無形のものを軽視しています。

しかし、先ほどの話を思い出してみてください。

この新入社員がリアルに感じ取ったのは、組織内部から立ち上がる「継続的改善の雰囲気」です。これこそが、彼が「今の会社に残って、会社と共に成長していこう」という意欲を高めるために一役買いました。

「継続的改善」をいかにして根付かせるか？

この「継続的改善」を根付かせるためのポイントは何でしょうか。

まずはやはり、「専門部署を作り、専任の人材を配置する」ことです。企業が社内の活動を推進する際には、専任の人材が必要です。

たとえば、企業によっては、品質管理部門が、こうした継続的改善の推進を担っている場合もありますが、改善の過程における教育、製品やサービスの品質改善、統計ツールの扱いは、専属の部署が担当したほうがより効率的です。また、進捗状況のフォローアップなども同様です。

さらに一歩踏み込んで、会社内に、継続的改善を推進するための委員会を作ってみるのもよいでしょう。委員会は、各部署の中心人物によって構成された方が、より効果を発揮します。

委員会は、毎年末に審査会議を開催します。過去1年間の継続的改善の効果を検証するとともに、外部環境の変化、評価提言、顧客の声、会社の競争戦略等を踏まえ、当該年度の改善プロジェクトの重点目標を設定します。

各部署のリーダーも、年度業務目標に基づいて各部署において継続的改善の推進業務を責任をもって実施するようにしましょう。

そして、欠かせないのは、**社員の継続的改善の意欲を高めること**です。

この文化を根付かせるために、改善の事例を発表できる場を作るべきです。組織横断的な学習を通じて、社員の問題解決能力やイノベーション能力を高めることができます。

さらに、表彰制度を設けて、成果を出した場合には、積極的に社員を表彰すべきです。これにより、さらなる継続的改善活動への参加を促すこともできます。

継続的改善の事例を積極的に経験を共有し、効果的に管理しましょう。たとえば、社内のウェブサイトを設置してみるのも良いでしょう。

こうすると、社員に比較対照を用いた学習の機会を提供することができます。

社内のウェブサイトには、過去に受賞した優秀事例、品質向上や統計などのツールの紹介、継続的改善コンペの方法などを掲載しておきましょう。

企業内に継続的改善文化が作られていくと、チームの問題解決能力は継続的に向上していきます。

継続的改善を実践する

継続的改善を始めるときに最も重要なのは、**プロジェクトテーマの選択**です。

ここで避けるべきなのは、重要ではないプロジェクトに経営資源を投入してし

プロジェクトテーマ／チームメンバーの選定の流れ

年次会議

- 会社や組織の戦略をプロジェクトテーマとして選定する
- 組織や部署のKPI（重要業績評価指数）からテーマを探す

テーマ選定

- ワークショップを実施する
- 各部署の主管および主要幹部を招集する
- リーダーを選出する

チームのメンバー探し

- メンバーを選定する
- リーダーはCITシステムへの登録手続きを完了する

CITシステムの検証

- リーダーによるプレゼンを行う
- 最終的なシステムのテーマとメンバーを確認（必要であれば、電子承認システムも使用する）

まうことなので、一般的に、継続的改善プロジェクトの選定を行うためには、**「年次会議」「テーマ選定」「チームのメンバー探し」「CIT委員会による検証」**という4つのステップが必要です。

とくに、プロジェクトのメンバーの選出は、非常に重要な意味を持つので、社内で基準をしっかりと設けておきます。

というのも、会社目線に立ってみれば、改善プロジェクトの推進は、同時に、人材の育成でもあるからです。

メンバーの選定基準は、プロジェクトが「人材育成」と「問題解決」のどちらを主目的とするかによって異なります。

①　主な目的が「人材育成」の場合

CITの運営状況確認のための成果指標

CIT指標＼期間	第1クオーター	第2クオーター	第3クオーター	第4クオーター
CITプロジェクト件数	5	10	15	15
CITによる節約効果	2億円	3億円	4億円	4億円
CITへの参加率	10%	11%	12%	12%
CIT相談員の合格人数	5	5	5	5
CITリーダーの合格人数	3	3	3	3

・潜在能力が見込まれる社員
・学習意欲が高い社員
・専門分野に秀でていて、他のスキルも学びたい社員

②主な目的が「問題解決」の場合
・最適な専門知識を身につけた社員
・すでにCITに参加経験がある社員
・向上心を強く持っている社員

また、こうした「問題解決」を主眼としたプロジェクトでは、管理職の人やリーダー経験があるエンジニアを中核として選ぶようにしましょう。

そして、そのリーダーからの推薦があった社員も、プロジェクトには参加させるように

しましょう。

加えて、プロジェクトに積極的に関わってくれるメンバーに対しては、なるべく多めに報酬を提供するようにしましょう。

もし可能であれば、状況に応じて、プロジェクトに参加していないメンバーも巻き込みながら、より革新的な思考を促せるとよいでしょう。

継続的改善を推進していくプロセスの中で、会社は、その運営状況全体を見直すべきです。

そのときには、必ず成果指標を利用します。ここでは参考指標として、「**プロジェクト件数**」「**節約効果**」「**参加率**」「**相談員の合格人数**」「**CITリーダーの合格人数**」の5つの指標を目安にしました。

前ページの図のように、成果件数は実態に応じて記入していきましょう。

継続的改善においては、一部の指標だけを見て、成功・不成功を判断してはいけません。大切なのは、この5つの指標のすべてを、俯瞰して見ることです。

もちろん**確認は一度きりで終わっていいわけがありません**。指標自体も、定期的に見直し、何度も調整や検討を行うべきです。

また、見落としがちなポイントですが、部下は、どうしても上司が好む指標を追い求めます。

特定の指標に過度に重きが置かれないように、できるだけ広く公平な視点で指標を見られるようになりましょう。

可能ならば、「他の競合他社が、毎年、どのような指標を立てているのか？」も参考にしましょう。

6

「企業変革」の種は、部署の名前に隠れている

企業は、常に「変革」を迫られている

デジタルトランスフォーメーション（DX）は、ホットな話題の一つです。

ただ、この言葉が言い表そうとするものを、より正確に言い直してみると、それは「**エンタープライズ・トランスフォーメーション**」と言えるでしょう。DXとは、結局のところ「企業の変革」を意味しているのです。

昨今のように変化の激しい時代では、変革は積極的に推進すべきです。

もちろん、変革の規模は、大小様々でしょう。

たとえば、小規模な変革としては、ある部署内に限り、新しい取り組みを導入したり、推進したりすることが当てはまります。大規模な変革としては、事業部

門を統合したり、提案制度を導入したりといった企業文化を変えることなども挙げることができます。

ここで、あなたが今、所属している会社のことを考えてみてください。

「会社が今後とくに注力していきたい部署」の名前は、いったいどれくらい変更されているでしょうか。

会社が「組織改編をする！」と大きな目標を掲げたにもかかわらず、その担当部署名がこれまで変更されていないとしたら、それはあまりよくないことです。

組織変革などを行おうとする場合、ほとんどの社員は抵抗を示します。

元々の仕事に慣れている社員の多くは、新しいことを非常にハードルが高いと感じます。また、多くの人にとって、「慣れない仕事を覚える」というのは、時間がかかるので面倒くさいことです。

仮に新しいことに前向きな社員でも、新しい業務に適応するためには仕事量自体が増えるので、どうしても疲弊してしまいます。

「会社が変わらなければならない」という理由に納得がいっていなければ、モチベーションは上がりません。

そのうえ、新しい事業に適応ができなかった社員は、「自分の能力が不足している」と自己肯定感を下げてしまう場合だってあります。

「組織を変える」前にやっておかねばならないこと

組織を変える際の問題には、どのように対処すればよいでしょうか。

ここでは、企業や社員一人ひとりが、組織変革などのあらゆる変化についていけるようになるための4つの方法を紹介します。

実際、企業変革の推進は、経営陣だけが行う場合が多いでしょう。どうしても受け身のスタンスにならざるを得ない社員が多くなり、改革をそのまま受け入れるのは難しくなります。

そのため、理由も告げず、社員に対してただ受け入れるように求めても、さらなる反発を招きます。

社員に変革を受け入れてもらうためには、コミュニケーションを繰り返し行うことが最善の策です。

社員は「なぜそれをすべきか？」が腹落ちしてようやく、「どうすべきか？」を考え始めるのです。

円滑なコミュニケーションを行うためには、なにより経営陣が「**ざっくりと話ができるミーティングを積極的に行う**」ことが有効です。

このミーティングの前には、参加者にレジュメを配布し、「どんな議題について討論するか？」を明示しておきます。

そして、ミーティングの開始とともに、「今後、どのような調整を行うのか？」「どうしてそれを行う必要があるのか？」という理由を、参加者全員に伝えます。

たとえば、「競合他社が近いうちに、○○という行動をとるので、われわれは、計画を変更しなければならない」などと、明確に理由も伝えます。

また会議は長すぎず、短すぎずの時間を設定します。1時間程度で申し分ありません。この時間中は何よりも、社員の意見にしっかり耳を傾けましょう。

このようなミーティングがうまくまとまり**変革を実施し、一定期間実施された後には、しっかりと定期的にレビュー会議を行う**ようにしましょう。

レビュー会議では、関係者全員の出席を必須として、ここでは、変革の工程の改善点を検討します。

その後、改善点に取り組むために、担当者を割り当て、継続的改善に専念できる環境を整えます。

その際には、**中間目標を常に共有し、その進捗に関しても、随時共有する**ようにします。これにより、関係者全員が「組織変革にどんな成果が出ているのか」を知ることができます。

成果の共有があれば、社員たちも「自信」や「やる気」を持ちやすくなります。話し合いの中で、疑問点が上がってきた際にも、社員と双方向の対話を行ってみましょう。

また、**経営陣が社員とコミュニケーションをとる際には、伝えたいメッセージに注意を払う**必要があります。

とくに重点を置くのは「**変革を行う理由を明確にする**」という点です。

まずは社員に、「このままの状態でいることの危機感」を持ってもらわなければいけません。

そして、変革を行うことで、「成功した場合には何をもたらすのか？」「失敗した場合にはどんな損害を与えてしまうのか？」を、具体例を挙げながら説明します。社員がこの説明に納得できるかどうかで、変革の成否は変わってきます。

このとき、新しいプロセスを導入したことで飛躍的に成長した競合他社や、変化を拒んで最終的に失敗してしまった企業の例など、業界のベンチマーク(benchmark：指標、比較対象)を挙げられるとさらによいでしょう。

このように対話の場を作ったり、危機感を共有してもらえるように働きかけたりするのは、経営陣の仕事です。

対話の場として、200~300人規模の説明会を開催するだけでは不十分です。それは、対話ではなく「伝達」に過ぎません。

必要に迫られた強硬な変革でも、対話の余地がなければなりません。会社は、最終的には強硬に変革を実施せざるをえない場合もありますが、大きな方向性は変わらない前提でも、社員の考えに耳を傾け、社員の提案にしたがって、細部を調整していく必要はあります。

質問とビジョンが「変革」の原動力

毎日の仕事の中で、上司は部下に対して、必ず質問を投げかけています。

質問一つをとっても、部下を変化に対して前向きにさせるためのコツがあります。

私のお気に入りの言葉として「**毎年10％を変化させる**」というものがあります。

この言葉が、企業文化として根付いている会社では、社員は年初に「今年は去年と比べて、どんな部分に10％の変化を起こせるだろうか？」と自分自身に問いかけているようです。

理想としては「**変化すること**」**の重要性を、社内のだれもが理解している状態にまで高めておく**必要があります。たとえて言うなら、社員のＤＮＡに、変化に対する理解を埋め込んでおくべきなのです。

社員のみんなが「変化は必然的なもの」「自分たちは、日々変化すべきだ」というマインドを持ちながら、日々の仕事に取り組むことができれば、上司は毎年、部下に「今年達成することができた10％の変化は何ですか？」「来年のプロジェクトでは、これまでの仕事からどこを変えていきたいですか?」と質問できます。

もしも、**毎年変化を起こそうとしている人がいたら、その人はいわゆる「一流の人材」です。**これに誰か別の人からの手助けが加われば、それは「変革の起爆剤」となります。

こうした社員のためにも、経営陣は、心を動かすビジョンを描く必要があります。

まず伝えるべきは「利益だけが目標ではない」ことであり、それを理解してもらうことです。その上でビジョンは、社員が、自身のやる気を最大化するきっかけになるものでなくてはいけません。

「**ビジョンとは、変革を促すもの**」なのです。

社員が使命感を持ち、自ら進んで学び、変革を起こすことに積極的になってもらうためには、ビジョンが明確でなければいけません。

優れたビジョンとは、「未来を見据えつつ、あまり遠すぎていない」ものです。その上で、毎年すべきことを社員に伝えることも重要です。

たとえば、世界シェア第4位の衣料品メーカーが、「5年後に、全世界での売上額を第3位にしたい」と考えているとしましょう。

これは険しい道です。しかし、ビジョンがあれば、打つ手も見えてきます。

たとえば、「初年度に、競合他社の事業責任者を引き抜く」という手を打つ。続いて、社内のポスターや社員証に「5年後に、第4位から第3位へ」といったスローガンを盛り込みます。このように、オフィスでは、常にビジョンを目にする状態をつくるべきです。

加えて、月例会議、四半期会議、またはサプライヤーカンファレンスと、管理職の全員がビジョンについて討論できるような環境を整えましょう。加えて、「業界第3位の企業になるために、他に何ができるだろうか?」と、社員同士が互いに問いかけ合えるような企業風土をつくらなければいけません。

会社のビジョンに賛同してこそ、社員は長い間働き続けることができます。

もしも、社員が組織の方針に共感できなかった場合には、会社がどんなに変革を推進しようが、遅かれ早かれ、その社員は会社を離れてしまうのです。

したがって、企業は、同じ価値観や信念を共有する人材を惹きつけるために、独自の文化を創造していくべきなのです。

組織の変革はどのように実行するのか？

変革とは、あくまでプロセスに過ぎません。重要なのは、変革を実施した後も、改善し続けることです。

変革には、仕組みの構築と成果評価が伴わなければなりません。一見、変革が成功したように見えても、1年後には、そこで実った果実が消えてしまわないようにしましょう。

仕組みづくりを行ううえで、規範が伴わなければ、いかなる変革も意味をなしません。規範があってようやく、持続的な行動が企業文化として醸成していきます。たとえば、あるスタッフが、いつも勘と経験に頼って物事を処理していたとします。こうなると、サービス品質にばらつきが出て、それが原因で業績が悪化することもあります。

この問題を解決するために、会社は「社員は決められた工程で業務を遂行する」という変革を推進したいと考えています。

そこで、社員全員に対して、決められた工程に沿って仕事をすることを義務づけたうえで、「毎年、少なくとも1つのプロジェクトを、決められた工程で行わなければいけない」という仕組みにしました。

この仕組みをＫＰＩ（Key Performance Indicator：重要業績評価指標）として設定した場合に、本当に業務が改善されれば、社員は、徐々に勘には頼らなくなっていくでしょう。そして、指定された新たな方法で、仕事を進める習慣が身についていきます。

また、会社が定期的な変革を実施することに対して、社員が同意した場合には、専任担当者を設けて、変革関連の業務を遂行させるべきです。

変革を行ったことで得た経験は、どれも貴重なものです。専任担当者は、将来、この経験が役立つように、変革推進のノウハウを整理しておくといいでしょう。また、会社は社員に対して、あらゆる変革が社員の成長に役立つことも伝えておくことも忘れずに行います。

社員が変革の過程で得た学びをすべて大切にし、**「変革とは、仕事量を増やす面倒なものではなく、能力を高める機会だ」と捉えてもらえるように会社は支援すべきです。**

7 企業のコア・バリューの見つけ方

あなたの会社の「核」は何ですか？

ここでは、「企業の核とは何か？」について説明をしていきます。

本題に入る前に、１つのお話を共有します。

全世界へと製品を展開し、毎年着実に成長し続けている、創業40年の中堅企業があるとしましょう。

しかもこの企業は、人材育成にも非常に熱心。重要な人材の育成や組織改革に、毎年一定の予算を割いています。この企業のコア・バリューは「誠実」「イノベーション」「実践」「顧客」の４つです。

これは、公式ウェブサイトにも掲載されているものです。

聞いたところによると、30年以上前に策定したこのコア・バリューは、マネジメント職の人の行動基準となっており、一般社員たちもこのコア・バリューを常に意識していることになっていました。

私は、研修講師としてこの企業と関わり、社内プロジェクトの話し合いから毎日のミーティングに至るまで、さまざまな場面に同席させてもらいました。

すると、この企業のいくつかの問題点が徐々に明らかになってきます。

たとえば、会議の場で一度承諾した案件に関して、次の会議のときには「その業務は、うちの部署では担当したくない」と言って、約束を反故にするケースを何度か目にしました。

なぜ、このようなことが起こってしまうのでしょうか。

その理由は、会議の出席者が、その会議の内容を自分たちの部署に持ち帰ってようやく、「その業務は、本当は自分たちの担当ではない」と、気づいたからです。

この状況を見かねた私は、ある役員にストレートに尋ねたことがあります。あなたの会社のコア・バリューの一つは「誠実」なのに、なぜいつも約束を守らないのですか、と。

私から見ると、その会社のコア・バリューは「単なるスローガン」として、対外的に見せているだけのものに見えたのです。

それに対して、役員は正直にこう答えてくれました。「弊社のコア・バリューは、創業者自身の言葉であり、必ずしも社員の行動基準を表しているわけではないのです。このコア・バリューは、今のわれわれの会社の組織文化とは合致していないのです」と。

さらに、この会社は「イノベーション」というコア・バリューも掲げていましたが、実際に社内で実践しているのは、研究開発部だけでした。

他の部署では、イノベーションを起こすようなプロジェクトを抱えていませんし、社員たちも革新的なアイデアを持ち合わせていませんでした。

また、日常業務の中にも、イノベーションの痕跡はまったく見られません。

プロセスイノベーションの会議に参加させてもらった際にも、幹部の多くは「既存の工程で長年やってきたのだから、今さら変える必要はない」という風に言っていました。さらに悪いことに「問題が生じていないのに、なぜ工程を変える必要があるのか？」という発言があったのも覚えています。

実際にこのプロセスイノベーションの会議を見てわかったのは、一般社員はもとより、管理職クラスであっても、この会社のコア・バリューにしたがっていないという事実です。

イノベーションとは、現状を変える勇気を持つことから始まります。しかし、この企業では、管理職クラスであっても、それを持ち合わせていませんでした。

コア・バリューをいかにして行動に落とし込むか？

「志を同じくする人材を採用すること」は企業経営の大切なポイントです。能力は入社後に養っていけますが、会社の理念やコア・バリューに共感できるかどうかは、人材を見つける段階で見極めるべきです。

どの企業も、創業後すぐは様々な業種の人材で構成されています。しかし、企業が成長していくにつれて、少しずつ企業理念に基づいたマネジメントを取り入れていったり、コア・バリューと企業の発展モデルをしっかりと結び付けていったりします。

これはビジネスの成長において、絶対に避けては通れないプロセスです。また社員の立場からも、会社のコア・バリューは非常に大切です。というのも、会社のコア・バリューに反する行動をとり続けてしまった場合、将来的に、そこで仕事を続けることが難しくなるからです。

たとえば、ある企業が「本業に専念」というコア・バリューを掲げたとします。実際にこの会社の利益は、すべて本業から生み出しています。

もしも財務責任者がレバレッジをかけた投資に成功して、会社に大きな利益をもたらした場合、これは「本業に専念」の価値観に反するのでしょうか。

答えは「イエス」です。財務責任者が会社のコア・バリューに反する行動をとった場合、会社は、彼に退社を求めることさえできるでしょう。

一方で、これが別のコア・バリューを重視する会社での出来事なら、財務責任者は「会社に大きく貢献した」として、昇進のチャンスすらあるかもしれません。

これがコア・バリューであり、各人が企業に関する物事を行ううえでの、真の行動基準となります。

加えて、企業がコア・バリューを実現するためには、経営者が自社の個性や強み・弱みを理解したうえで、他社の企業文化や顧客の特性まで把握しておくべきです。

自社の企業理念に基づいたマネジメントを行い、コア・バリューと企業の発展モデルをしっかりと結び付ければ、社員はすべきことが自ずとわかってきます。

TSMCを例とすると、コア・バリューは「常に誠実であること」「コミットメント」「イノベーション」「顧客の信頼」の4つです。

とくに、「常に誠実であること」を最上位の価値観としています。

なので、TSMCで働いているときには、嘘や誇張が許されません。さらに、引き受けたことは必ずやり切らなければならないため、安請け合いをすることもありません。

さらに、コア・バリュー構築の際には、コア・バリューを社員の利益と一致させ、社員がやりがいを感じられるようにすることがとくに重要です。

たとえば「イノベーション」という価値であれば、社員が革新的な仕事をして価値を創造でき、会社に利益をもたらした場合には、収益の一部を社員に還元するべきです。

これにより、コア・バリューの実践が、社員にとっての目に見える利益となって表れます。社員に対して、「コア・バリューを実践することで利益がある」と思ってもらうには、コア・バリューを設定し、実践できる準備を整えておく必要があります。

また、経営陣は、コア・バリューを推進する責任をしっかりと負い、企業存続とコア・バリューの関係を社員に理解してもらうようにすべきなのです。

このように、**コア・バリューが実行されるかどうかは、企業と社員のポジティブな関係にかかっています。**

あなたが企業の経営陣であるならば、「Aと言っているにもかかわらず、Bをする」のように、方針を突然変更するようなことはあってはなりません。

上層部が良い模範となってこそ、社員は心から納得するものです。上層部から社員までコア・バリューが真に実践に移されてこそ、企業文化は形成されていくのです。

そして、コア・バリューを実践しやすい環境をつくることもとても大切です。

その環境とは、継続的に「計画し、実行し、見直し、また計画し、再び実行する」というPDCAサイクルをうまく用いることができるような状況です。改善のサイクルは持続的なものである必要があります。

これにより、コア・バリューは、社員に深く浸透していきます。

コア・バリューの実践を支援するために、まず企業が実行すべきなのは、人事考課や就業規則など、社内規程を改定することです。そのうえで、違反行為があった場合の対応方法を明確にしておきましょう。

また、実際に実践するためのロールモデルを作成しておき、ストーリーを用いて社員に伝えるようにしましょう。ここまで準備が整ったら、コア・バリューを実践するための具体的な活動を行っていくのです。

そして実際に動き始めた際には、計画の実行状況と社員の反応を、継続的にピックアップし検査するべきです。

そのうえで、「上司がどのような役割を果たすことができるのか?」についても考えて行動します。

さらに、コア・バリューの実践を推進し、行動レベルまでより落とし込みたい場合には、**「正しく競合をベンチマーク」**して**「現状を正しく分析する」**と良いでしょう。

「自社が成長していくために、ベンチマークすべき価値のある企業はどこか?」「なぜその企業から学ぶ価値があるのか?」「その企業の成功要因は何か?」「そ

ベンチマーク企業を知るための6つの側面［リストアップシート］

ベンチマークすべき企業	この企業を選んだ理由
ベンチマーク企業のビジョン	**ベンチマーク企業の企業文化**
ベンチマーク企業の価値観	**ベンチマーク企業の仕事の進め方**

自社の現状を知るための6つの側面

企業文化	チームのリーダーシップ
コミュニケーション	**市場と機会**
工程の運用	**人材育成とマネジメント**

の企業の社員はいったい何をしているのか？」「その企業が持つ文化や価値観、一貫した行動規範はどんなものか？」これらは、コア・バリューを導入する前に問うべき重要な質問です。

ロールモデルから学ぶことは、自分が手探りで考えようとするよりも、非常に効率的なのです。

まずは、前のページに掲載した**「ベンチマーク企業を知るための6つの側面」**をもとに、対象となりそうな会社をリストアップしてみましょう。

それと**同じ要領で、自社の現状を分析してみる**と良いでしょう。

たとえば、右ページにあるような6つの側面から分析を行ってみます。

①**企業文化**　例：その会社には人情味はあるか？

②**チームのリーダーシップ**　例：上司の向上心は十分か？　中堅幹部のスキル向上が必要か？

③**コミュニケーション**　例：各部署が分断されていないか？　部署間のオープンなコミュニケーションができているか？

④**市場と機会**　例：特定の市場（ECなど）を拡大する必要があるか？

⑤**工程の運用**　例：新製品開発に時間がかかりすぎていないか？　帳票が多すぎはしないか？

⑥**人材育成とマネジメント**　例：人材の質が低くはないか？　社員研修は十分か？

企業は、ワークショップやアンケートなどを利用して、自社全体の現状を分析しておく必要があります。また、ときにはコンサルティング会社も活用して、社員が勇気を持って、本音を語れるための土台を作っておくのも非常に効果的です。

最後に、「**会社の価値観とは何か？**」という根本的な問いに立ち返り、「この会社が絶対に犯してはならないことは何か？」「そのために会社の原則とすべきことは何か？」などを総合的に理解した上で、会社が持っている価値観を明確にしておきましょう。

そのときにとくに大切なのは、「現状を前にして、**継承する価値のある伝統は何か？**」と「将来の挑戦やチャンスに立ち向かうために、**会社はどのような資質を持つべきか？**」という2つの方向性をはっきりすることです。

最後に、コア・バリューを会社に浸透させるために、TSMCや他の大企業の取り組みから参考にできる3つの心がまえを紹介しておきます。

それは「**同じ言葉で話すこと**」「**自ら先頭に立つこと**」「**仕組みをしっかりと構築すること**」。

会議やワークショップ、または会議での定期調査やレビューの機会を利用して、管理職の社員はもちろん、社員の一人ひとりが行動しやすいように、模範的な行動を経営陣自らが示すようにしましょう。自らの姿勢を示すことで、日常業務の中にも、コア・バリューが浸透しやすくなります。

また「仕組み」という側面では、表彰制度を確立したり、ロールモデルを構築したりすることで、正しい行動評価がはかられ、社員のモチベーションを上げることができます。

さらに、仕組みや行動規範を定期的に評価することで、「実際の行動がコア・バリューの精神と一致しているかどうか？」を社員が確かめられます。

行動規範を持つことは、企業にとって不可欠なことなのです。それによって、企業文化は育まれていきます。

成功した企業はみな、「十年一剣」を磨いていると言えるでしょう。コア・バリューと企業文化を真に実践する企業だけが、事業を前進させることができるのです。

8

チームのメンバーを共振させる

TSMCがとくに優れている「実行力」

「TSMCの実行力は、素晴らしい」

これは、自画自賛の言葉ではありません。

あなたがTSMCと取引したならば、同じような感覚を持つことでしょう。

アメリカ工場の設立の際には、こんなことがありました。

まず、TSMCは、「アメリカで工場が実際に設立可能かどうか?」をしっかりと評価し終えたあとすぐに、社内でチームを立ち上げて動き出しました。

たとえば、「どこに工場を設立するか?」「費用対効果をどのように計算するか?」「市場開拓のためにどのサプライチェーンパートナーをアメリカに招くべきか？」といったことを考え抜いたのです。

それと同時に、アメリカのウェハー工場の隣に、サプライチェーンパートナーが進出するための用地も確保していたのです。

また、台湾企業のサプライヤーは、ＴＳＭＣに製品を供給するだけでなく、この機会を利用してアメリカ市場をも開拓したいと考えていました。そのため、これらのサプライチェーンパートナーにも、アメリカへの視察に同行してもらいました。

簡単なことのように聞こえるかもしれません。しかし実際には、これらを実行する裏で、多くの時間を要したようです。

ＴＳＭＣでは工場建設に着手する以前から、アメリカの新工場建設のために、積極的に人員を増強していました。それでも足りず、この計画が実現する段階に至ると、現地に派遣する人材が新たに数百人と必要になりました。

すると、ＴＳＭＣはすぐに、社内でしっかりと説明会を開催しました。そこでは、アメリカ赴任者のための待遇（給与、保険、住居など）をわかりやすく明示し、アメリカでの永住権を申請する社員の支援も約束しました。

これら一つひとつの行動は、社内におけるチームの強力な実行力を明確に表しています。

このように、**ＴＳＭＣの高効率で物事を実行していく力の背後には、チーム全体を連動させて運営する力が隠れているのです。**

「実行力」を高めるための３ステップ

ＴＳＭＣのような高い実行力を手にするためには、３つのステップを着実に踏んでいくべきです。

まず**１つ目は、同じ周波数のメンバーを集めること**です。

同じ周波数の人間が集まることで、強い共振が生まれ、今までにないような効果を発揮できる可能性があります。

私はかつて、ある映画で、こんなシーンを見たことがあります。

その映画の中で、実験者は、音が鳴る振り子のうちのいくつかをランダムに叩きました。すると最初は、すべての振り子がばらばらに揺れていましたが、次第に振り子の振動数は変化していき、揃っていきます。

そして最終的には、すべての振り子は、振動も音も一致します。これがまさに

「共振」のイメージです。

この振り子と同じように、チームが共振を生み出した場合には、その効果は驚異的なものとなります。

私たちのアイデアも実行力も態度も、みな振動だと考えてみてください。そして、これらは共振し合い、影響し合うのです。

メンバーが同じ思想を持っているチームは、さらに多くの人を動かすことができます。そして、その強力な共振によって、メンバー一人ひとりも動かされていくのです。

組織の中で共振を育んで、全員が同じ周波数で働くようにすると、その組織になじまないやり方や態度、そして異なる周波数で物事を進めようとする人は苦労することでしょう。そして、最終的には、組織のエネルギーに振り落とされ、脱落していくことになります。

そして、**2つ目は、チームの指針となる「使命」を持つこと**です。

多くの企業には、多かれ少なかれ、派閥というものがあります。

たとえば、「A氏は副社長の派閥に属し、B氏は専務の派閥に属している」ということはよくあります。

もしも、現在、副社長が中心となって会社を率いているならば、その副社長は、のちに社長に昇進するかもしれません。

このような状態になると、副社長が昇進すると期待して、いつかは「自分を引き上げてくれる」と信じ、多くの人が集まってきたり、副社長にうまく取り入ろうとしたりすることは十分にあり得ます。

もちろん、これには弊害もあります。

会社組織では、会社の利益よりも、派閥メンバーの意見など個人的な要因に基づいて、意思決定を下してしまう過ちが起こりがちです。

特定の問題に関する議論の主題が、「物事について」ではなくて、「人について」に、いつの間にか移り変わってしまうのです。

またこれは、私の個人的な観察に過ぎないのかもしれませんが、国際的に展開していたり、台湾を代表したりするような大企業には、派閥やグループが存在していません。

全員が使命を最上の指針として、「いかに問題を解決するか?」「いかに顧客にサービスを尽くすか?」「いかに業務を効率化するか?」を考えており、会社自体が、非常に速く動くようになっていくのです。

そして、最後に**3つ目は、チーム運営を「水平」と「垂直」の方向から考えること**です。

私は、中国で非常に大規模なプロジェクトを指導していたことがあります。

まず私たちは、このプロジェクトに関係のある部門をピックアップして、関連部門にも展開していきました。

最終的には、8人の部門責任者にプロジェクトに参加してもらい、全員が決定権を持つことを提案しました。

そして、各部門責任者は、自分の部門内に新たにチームを立ち上げて、「会議で上がった項目をすべて期日内に完了できるかどうか？」を確認したうえで、自分の部門が担当する任務を遂行していきました。

このプロジェクトは、一見すると1つの大きなプロジェクトなのですが、実際には、8つの小さなプロジェクトからなっています。

そこで、全体を通した大きなプロジェクトの責任者を「ビジネスオーナー」、その下の階層にある8人の部門責任者を「プロセスオーナー」と呼ぶようにしました。

こうして水平展開と垂直統合によって、コミュニケーションが活発になると、ビジネスオーナーとプロセスオーナーの関係がどんどん良好になっていきました。こうなると、プロジェクト全体の運営も効率的になります。

その結果、このプロジェクトは3か月で完了することができ、成果も上々となりました。これは、チーム運営において、「水平」と「垂直」の2つの方向に統合を図ることで、全体としてもシナジー効果を発揮できた好例です。

また、当時の私は、コンサルティングした会社に対して、各プロジェクト終了後に、「成果」と「知識」のすべてを、記録保存するようすすめていました。

組織の力を十分に発揮するためには、優れたナレッジ・マネジメントが不可欠です。

問題が再発した場合でも、チーム単位で迅速に行動ができ、普段のときでも、今よりも高いパフォーマンスを発揮できるようになるでしょう。

世界に通用する一流企業になるためには、どの企業も常に成長し続け、社員全員が強い危機感を持っていることが重要です。

しかし会社が成長したとしても、個人として成長できなければ、「会社のお荷物」のような存在になり、非常に居心地の悪い思いをしてしまいます。

そのような思いをしないためにも、実行力を高める準備を怠らないようにしましょう。

第2部

高効率で高精度の「無双の仕事術」

1

小さな問題から全体を見わたす

「目先」の問題にとらわれるな

問題解決をするときに、当面の問題を解決することももちろん大切なことですが、**問題の背後に潜む「警告のサイン」をしっかりと見定めること**の方がより重要です。

以前、製造業で働くある方から相談を受けたことがあります。

彼の会社では、製品が異常をきたした際に、それに対処するための明確なロジックや手順がありませんでした。彼らが頼っていたのは、「自分に蓄積された経験」だったのです。

そのため、何度も何度も同じような問題が発生してしまい、製品担当者たちは

問題解決のための8つの基本プロセス

1. 問題が発生する
2. 問題を明確にする
3. 問題を整理する
4. 緊急対応を行う
5. 原因を究明する（「過去に同じような問題が起きていないか」を調べる）
6. 対策方法・結果を確認する
7. 対策方法・結果を周知する
8. 再発防止と標準化を行う

いつもイライラしていました。

しかし本来は、問題解決のためのロジックや手順は、既にある程度は確立されているのです。

そこで、私が提案したのは、次に製品に異常が発生した場合の対処法として、上の図にある「**問題解決のための8つの基本プロセス**」を用いてもらうことでした。この基本プロセスを、業務で実践してもらうために、設備エンジニアの育成支援をしました。

ただし、「**座学の研修で学べること**」と、「**実際に問題に向き合って解決すること**」**は別物**です。

ここでは、次のエピソードを通して、その問題解決の手順とその適切な方法、その実践をご紹介しましょう。

ある日の午後、生産ラインの担当者が、ある機械で生産した製品に傷がついていることを発見しました。すぐに、私は設備エンジニアを呼び、傷がついていた場所や大きさ、形状を確認してもらいました。

その情報をもとに、設備の基本的な検査を行った結果、簡単にわかる範囲では、生産機械自体に問題がないことが判明。エンジニアは上司に「機械をいったん止めて、詳細な検査を行うべきかどうか？」を相談しました。

その結果、機械を一時停止し、会社を挙げて、迅速に検査と緊急対応を同時に進めていくことが決まりました。

対応としてはまず、関連するすべての生産ラインの担当者と責任者に、一斉にメールを送って問題が発生していることを知らせます。「現在、生産ラインの一部で傷のついた製品ができてしまっており、機械を止めて精密検査を行っています。当該の設備には作業員を向かわせないでください。状況に動きがあり次第、みなさんには早急にお知らせします」というものです。

当該の機械では生産ができないため、エンジニアは、製造部のメンバーと話し合い、受注済みの製品は、正常に稼働している別の生産ラインに移動させることにしました。

ここまでの対応は非常に迅速なものでした。

その後、エンジニアたちは、製品に傷がついた根本的な原因を突き止めるために、精密な調査を行いました。

まず、設備メンテナンスのデータベースで、当該の機械が、過去に同様のトラブルを起こしていないかを確認しました。しかし、この機械が導入されて以来、トラブルは一度も発生しておらず、今回のような問題も起きていないことが判明します。

次に、同じ機種の他の機械についても調べました。すると、この問題が発生する前年に、同じ機種で同様の問題が発生していることが分かりました。機械の何らかの部品が緩んだ状態で回転したため、製品に傷をつけた可能性があるという記録が出てきました。

一方、生産担当者も別の機械で今回のような問題が起きていないかをデータベースで調べました。

その結果、別の機械で数年前にも部品の緩みが原因となった問題が発生したことが分かりました。「原因を突き止めるのに時間はかかったものの、ネジの緩みが原因であった」と克明に記録されていたのです。

これらすべての手がかりを整理した後に、設備エンジニアは機械を構成するロボットの点検を行いました。

するとやはり、ロボットの作動する角度が正常ではなくなっていることがわかり、さらなる検査の結果、経年劣化によるネジの緩みが原因だと判明しました。

しかし、同時に見逃せない点もはっきりしました。それは、日常の設備管理で、こうした箇所に対して、ほとんど注意を払っていなかったことです。

この経験を踏まえて、今起こっている問題が解決したのちに、日常的に管理するべきポイントも見直されました。

問題が解決すると、エンジニアは、関係者全員にメールを送ります。

「機械は現在、正常に稼動しています。原因は『A』というところにあり、対策としては『B』を実施いたしました。この経験をもとに、今後も製品や設備の状況をしっかりと確認するようにします」。

生産ラインの担当者も、今回の件を踏まえて、設備に異常が発生した場合に、自動的に設備エンジニアに通知が行く管理システムを構築しました。

これで、製品に問題が出る前に、先回りして設備エンジニアが対処できるようになりました。コストの無駄を防ぐことができ、納期遅延による顧客からのクレームも避けることができるようになったのです。

会社では「知識の共有」こそが大切となる

この問題が発生した際に、設備エンジニアが用いていたのが、109ページにある「問題解決のための8つの基本プロセス」です。迅速かつ効率的な対応が可能になります。次のページには、この場合の具体例を図で示しましたので、こちらもご覧ください。

実際に運用する場合には、業種によって、基本的な作業や検査項目も様々に異なります。ですが、解決プロセスのロジックや方法は共通しているのでご安心ください。

ただこうしたプロセスを使って問題解決を行うためには、1つの前提条件があります。それは**「過去のデータ」がしっかりと残っていること**です。

過去に問題を解決した記録を、ナレッジ・マネジメントとして、しっかりと残

製品トラブル解決に用いた8つの基本プロセス

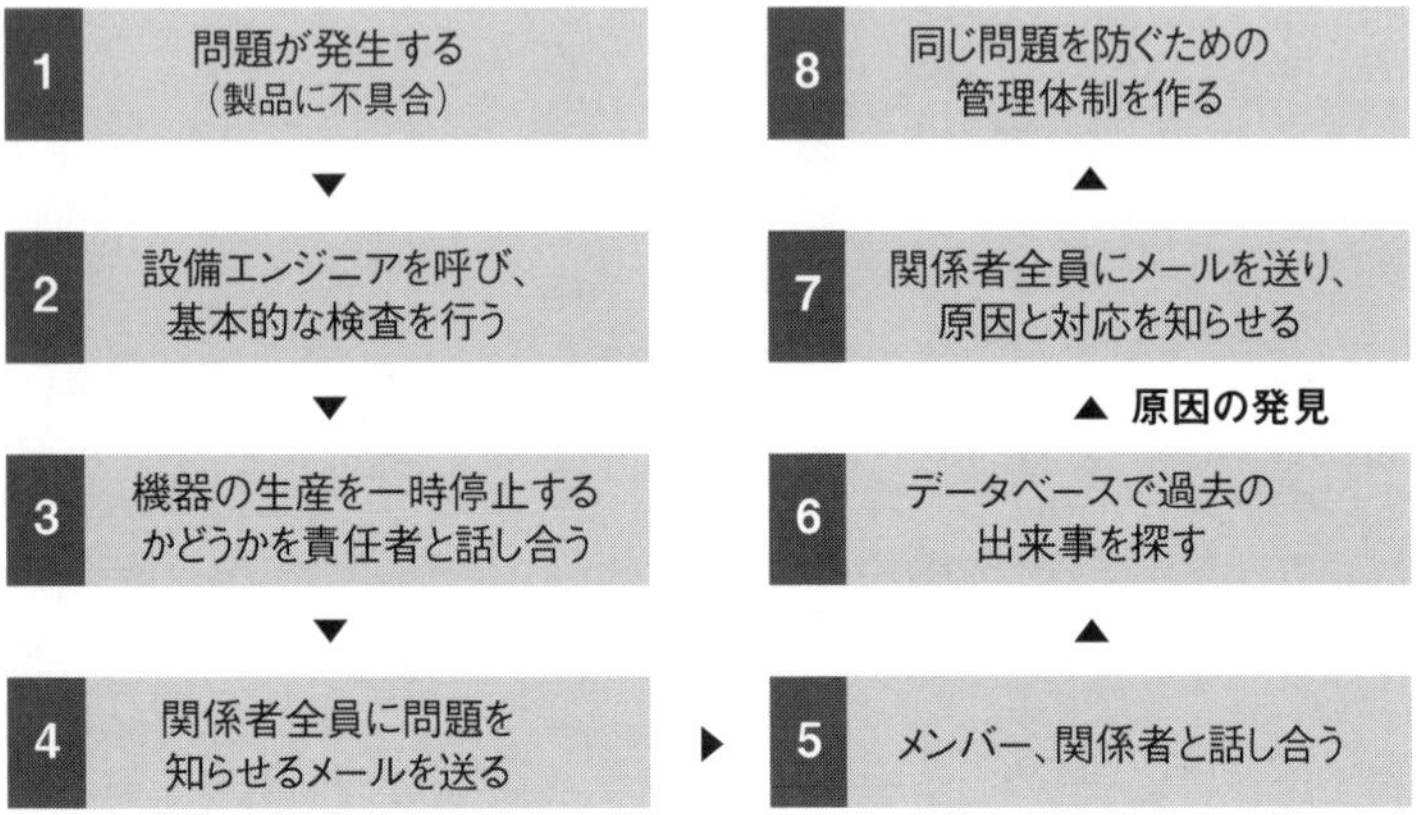
1 問題が発生する（製品に不具合）
2 設備エンジニアを呼び、基本的な検査を行う
3 機器の生産を一時停止するかどうかを責任者と話し合う
4 関係者全員に問題を知らせるメールを送る
5 メンバー、関係者と話し合う
6 データベースで過去の出来事を探す
原因の発見
7 関係者全員にメールを送り、原因と対応を知らせる
8 同じ問題を防ぐための管理体制を作る

せているかどうかは、今後の問題解決においても重要な鍵となります。

当面の問題を解決しても追跡可能な記録が残されていなければ、今後、同じような問題が起きた際に、その原因を探ることが困難になります。解決のために、多大な時間と労力がかかってしまいます。

すべての問題を、一朝一夕で解決することはできません。そのため、問題解決の手順やプロセスを整えておくことは非常に重要です。

限られた時間で問題に忍耐強く対応し、危機に立ち向かいながら、ベンチマークしている他社から学んだり、自分自身を振り返ったりしていきましょう。

2

超・実用的な「8D」問題解決法

問題解決には、さらに実用的な方法も存在している

働いている人々の多くは、毎日、仕事上で様々な問題に直面しています。実務面はもちろん、市場観や仕事に対するマインドまで、いつかは慣れ親しんだやり方が通用しなくなる場面がやってきます。

そうしたとき、私は、**「8D」で問題を解決**します。

IT業界や製造業以外の業種だと、ここで紹介する8D問題解決法を、初めて耳にした方もいるかもしれません。しかし、この手法は、どの業種の人にも非常に有効です。

8D問題解決法は、もともと自動車メーカーのフォード・モーター社が考案し

たもの。1980年代から、フォード社は多くの取引先に対して、あることを求めました。

それが、顧客からの苦情に遭遇した際に、「8Dレポート」を記入することです。問題の根本原因を発見するために非常に役立つツールです。

8Dとは、8つの「Discipline（規律）」で構成されています。この解決法は、導入する企業が広がり、現在では多くの有名企業が、この手法を問題解決の際に用いています。

8D問題解決法のステップ

私は、ある国際企業に、8Dの導入を支援したことがあります。

実際、これを導入すると、その企業のある部門責任者が「生産性が向上した」と喜んで話してくれました。

以前は、問題解決に関する社内会議を行っても、その場で問題分析や原因について話し合ったり、関連データを集めたりしてみても、参加者それぞれが各々の意見を話すだけで、焦点を絞った議論ができませんでした。

8D問題解決法

	ステップ	内容	心掛けること
D1	テーマの選定とチームの立ち上げ	改善すべきテーマを選定し、問題解決チームを編成する	組織または部門が解決を求めている問題を選定する
D2	問題の記述と現状把握	問題を正確に記述し、徹底的に問題分析を行う	問題の解決よりも正確な記述を重視する
D3	応急処置の実行と検証	応急処置を検証し、効果を追跡する	現時点での再発防止を目指す
D4	根本原因の列挙・選定・検証	可能性のある原因を多方面から分析し、根本原因を検証する	事実やデータに基づいて話す
D5	恒久的な対策の列挙・選定・検証	数多くの対策を考え、検証する	常によりいい方法があると考える
D6	恒久的な対策の実施と効果確認	恒久的な対策を、一定期間実行する	根本原因が排除されたか、問題が改善されたかを確認する
D7	再発防止と標準化	潜在的な問題を考える	日常管理を徹底する
D8	反省、チームのお祝い、将来の方向性の計画	水平展開、反省を行う	ノウハウを継承する

何度も会議をしても、問題は解決せず、参加者は「時間の無駄」だと感じるようになり、会議に出席しなくなりました。

しかし、8Dを導入した後は、状況が一変したといいます。なによりも、毎回の会議で、テーマの設定ができるようになりました。

たとえば、ある日の会議では、「2つ目のD」の「問題の記述と現状把握」（上図）をテーマとして設定する。

そうすることで、深い議論が行われ、コミュニケーションや調整がスムーズになり、問題解決の可能性が大幅に高まりました。

問題解決では「責任追及」にとらわれるな

この8Dの方法の基礎は、まず問題を特定して定義することです。なによりも問題を完全に分析することが重要なのです。最初から間違った方向に進んでしまうと、問題解決のプロセスの全体が誤ってしまう可能性があるからです。

まずはデータ収集と分析を行って、真の原因を突き止め、問題の分析を行ってから、対策方法を検証するようにしましょう。改善のプロセスはより体系的になっていきます。経験による判断だけに頼らず、プロセスを明確に裏付けるデータも必要です。

私たちが「真の原因」だと思っていることが、実はそうでないことも多々あります。過去の経験や古い考え方を打破するためにも、**すべての事柄には、データによる裏付けは必要です。**

真の原因と対策を見つけた後は、その対策の効果を確認し、経過観察を続けます。

また、これは見落としがちですが、問題解決の過程では、ミスを犯したスタッフを咎めることに時間を費やしてはなりません。責任の追及はまったくもって重点事項ではないのです。

それよりも、**問題が再発しないように、作業のプロセスを改善する方法を考えることが大切**です。

私が過去に支援したある企業では、ミスを犯した人を名指しして、「こんなに簡単なことなのに」とか「集中できていないんじゃないか？」といった形で、ミスを責めることに多くの時間を費やしていました。

こんなことをしても意味はないのです。むしろ、会社の業務プロセスやシステムに原因があり、スタッフがミスを起こしやすくなっていると考えるべきでしょう。

たとえば「なぜ、もっと考える時間を作らなかったのか？」「なぜ、作業プロセスの改善に向けた時間を増やさなかったのか？」「スタッフがどのように操作してても、ミスをしない仕組みを作ればよかったのではないか？」といった視点をもつことのほうがよほど必要です。

様々な問題を「8D」でとらえ直してみると？

実際に、8Dは幅広く応用することができます。

たとえば、**「お弁当に髪の毛が混入していた」場合**を想定します。

ここでは、8Dを用いて問題を解決するために、「お弁当への髪の毛の混入」を例として、次ページの図のように分析を行ってみました。


また、8Dを使って問題解決をする際には、ポイントがいくつかあります。

事実を確認する際には、裏付けとなる情報の写真やデータも添付すると、より説得力が増します。

テキスト説明やフローチャート、写真などを当たり前のように使うことができれば、内容はより伝わりやすくなるでしょう。

また、進捗を追えるように、すべての作業に責任者を割り当て、作業の期日を決めるのも行ってください。

加えて、問題解決の過程で会議を開く必要がある場合には、ナレッジ・マネジ

「お弁当に髪の毛が混入していた」場合の8D問題解決法

D1 **テーマの選定と** **チームの立ち上げ**	**D1.1.** 改善すべきテーマ お弁当に髪の毛が混入する回数を減らす	**D1.2.** チームの立ち上げ リーダー：リック メンバー：メリオン、ジャッキー、キャンディー
D2 **問題の記述と** **現状把握**	**D2.1.** 4W2H（What, Who, When, Where, How, How impact）で問題を記述する •What：お弁当に混入している髪の毛 •Who：弁当を購入したお客様 •When：10/3、10/7、10/8の正午（10月に3回発生） •Where：おかずに混入（ご飯の中には混入していない） •How：目視で発見 •How impact：客が返品を要求、評判に影響が出ている	**D2.2.** 12月の改善目標を「問題発生ゼロ」に設定
D3 **応急処置の実行と** **検証**	①お客様からのクレームを受けた後、すぐに他のメニューに変更。問題のあるお弁当は費用を受け取らない ②配達前に全品検査を行うスタッフを手配する （担当者：ジャッキー 10/9から開始）	
D4 **根本原因の列挙・** **選定・検証**	お弁当に髪の毛が入る原因を「人」「機械」「材料」「環境」の4つの観点から考察 •人的要因：1.1 競合他社による混入／ 1.2 従業員による持ち込み／ 1.2.1 従業員の嫌がらせ／ 1.2.2 調理担当者が誤って髪の毛を混入させた •機器の要因：2.1 鍋が清潔ではない •材料の要因：3.1 野菜に挟まれて持ち込まれた •環境の要因：4.1 厨房が汚れている	実際に調査したところ、厨房で髪の毛がいくらか見つかった。ある一定の時間、数名の従業員がヘアキャップを着用していなかったため、調理過程で、髪の毛が弁当に混入した疑いがある
D5 **恒久的な対策の** **列挙・選定・検証**	2つの対策を実施： ①従業員のヘアキャップ着用を義務化： 今日から全ての作業員にヘアキャップの着用を義務付ける。ヘアキャップを着用した後、リーダーが確認し、問題がないことを確認してから作業を開始（担当者：メリオン、11/3から実施） ②毎日退勤前に厨房を清掃： 退勤前に必ずキッチンの清掃を行い、メリオンが検査を行う（11月1日から実施）	
D6 **恒久的な対策の** **実施と効果確認**	11/3に髪の毛混入が1件発生したが、配達前の検査で発見。11/4から12/30までは、髪の毛の混入は一切確認されていない。 翌年1月から、配達前の検査作業を終了。	
D7 **再発防止と標準化**	作業手順書（SOP）を2つ作成し、社員教育を実施（担当者：キャンディー） ①従業員のヘアキャップ着用に関するマニュアルの作成 ②退勤前の厨房清掃に関するマニュアルの作成	

メントの一環として、議事録を将来のために残しておくこともおすすめです。

今見てきたように8Dは組織的な問題を解決するために、非常に有益です。


さらに、**個人的なレベルにも応用できる**のです。

「どうすれば、職場でもっと幸せに働けるようになるか?」「ダイエットで、もっと体重を減らすためにはどうすればよいか?」などにも、8Dの発想は非常に有効です。

重要なのは、この手法そのものを「ただ採用する」ことではありません。そうではなくて、「各ステップをそれぞれ実行できているか?」にあるのです。

この手法は、練習さえすれば、誰にでも使えるものです。

私は、生活していくうえで何かしらの問題が起こったときにも、8Dを使っています。みなさんも仕事だけではなく生活の中で問題が発生したときにも、問題を分析したり解決したりするクセをつけましょう。

そして、問題を解決した後には、8Dのフレームワークを利用して、上司に対してプレゼンしてみてください。将来、何かの問題解決をする場合にも、より論理的な対応ができるようになるはずです。

3

「3×5＝15」の「なぜ？」で思考を明確にする

カギとなるのは「3つの観点」と「5回の質問」

多くの人は、遅刻をした経験があると思います。

仕事に遅刻しそうなときには、あらゆる交通手段を使って会社へと急いで向かいます。それでもどうしても間に合わない場合には、遅刻の理由をごまかして、半日休みをもらう人もいるようです。

ただし、こんなことをしていても、またしばらくして、同じような過ちを繰り返してしまうでしょう。

そこで、ここでは問題の原因を分析するための「3×5why分析」という思考法を紹介します。この手法では、**問題の原因を「3つの観点」に絞って分析し**

ます。

社会人として働いた経験が長い方ならば、問題の因果関係を探るための「なぜなぜ分析」を使ったことがある方も多いでしょう。

この方法は「なぜ?」を5回繰り返し、垂直思考で考えていくことによって、問題をどんどん深く掘り下げていくものです。

単純な問題であれば、「なぜ?」と3、4回問う程度で原因を探ることができますが、複雑な問題となると、「なぜ?」と5回繰り返してもうまくいかない場合もあります。

ここで有用なのが、「3×5why分析」です。これは「3つの観点」で5回の「なぜ?」を繰り返し、問題に対して、広く深くアプローチする方法です。

3つの観点とは、以下の通りです。

① 問題の発生した原因(Occurrence)

「なぜ問題が発生したのか?」「その原因は何だったのか?」

② **問題が流出した原因（Escape）**
「なぜその問題は内部で気づくことができなかったのか？」「どうして問題が外部（顧客）にまで流出してしまったのか？」

③ **問題のシステム的な原因（Systemic）**
「なぜ会社の体制（管理システム、品質システム、設計システムなど）が、この問題の発生を許してしまったのか？」

もちろん、それ以上掘り下げられない原因にたどり着くことができたら、途中でやめてしまっても構いません。

この「3×5why分析」を用いる利点は、「なぜなぜ分析」と比較して、問題発生自体を全面的に防ぎやすいところにあります。

この手法では、原因と結果の関係を整理し、様々な側面から分析を行うので、物事をより立体的に見ることができます。

私自身も以前は、問題の根本原因を探る際に「問題が流出した原因」や「問題のシステム的な原因」まではほとんど考えませんでした。**「問題の発生した原因」ばかりに焦点を当てていて、それだけで問題の真相を突き止めた気になっていた**

のです。

　多角的な検証を行う「3×5why分析」を用いるようになってからは、問題の再発を防止したり、トラブルの種を早期発見したりできるようになり、その後の損失を最小限に抑えられています。

　とくに、「問題のシステム的な原因」が特定できたら、より高い次元から問題を見つめられるようになり、問題を未然に防ぐ力を、飛躍的に上げることができます。

「3×5why分析」の実践方法

　では、「3×5why分析」を実際に行ってみましょう。

　先ほども例に挙げた「遅刻」という問題を、私と一緒に解決していきましょう。

　まずは、「何が問題なのか?」を知ることから始めます。出発点を定めた上で、次のステップへと進んでいきます。

　実際の流れは、以下のようになります。

ステップ1：問題は何か？　昨日はなぜ仕事に遅れてしまったのか？
ステップ2：なぜ、この問題が起きてしまったのか？
ステップ3：なぜ、問題が起きることを防げなかったのか？
ステップ4：なぜ、今のシステムは問題の発生を許したのか？

この4つのステップを、次のページの図のように描くと、全体像がより鮮明になり、問題点も明確になっていきます。

「遅刻」という問題について、今のあなたなら、どんな解決方法を考えますか？たとえば、目覚まし時計の電池が切れているなら「電池をこまめに新しいものに交換すれば問題は解決する」と考えるでしょう。

しかし電池は寿命があるため、何回かに1回の頻度では必ず、目覚まし時計の電池切れが原因の寝坊が続くことになります。

こうした目先の問題解決では不十分だったために起こるミスは、仕事の中でも多くあります。

「物が壊れたから、新しいものに取り替える」「いつもミスばかりする人を、他の人と配置換えする」。こうしたことで、問題を解決した気になっていないでし

「遅刻」してしまう原因を3×5whyで分析する

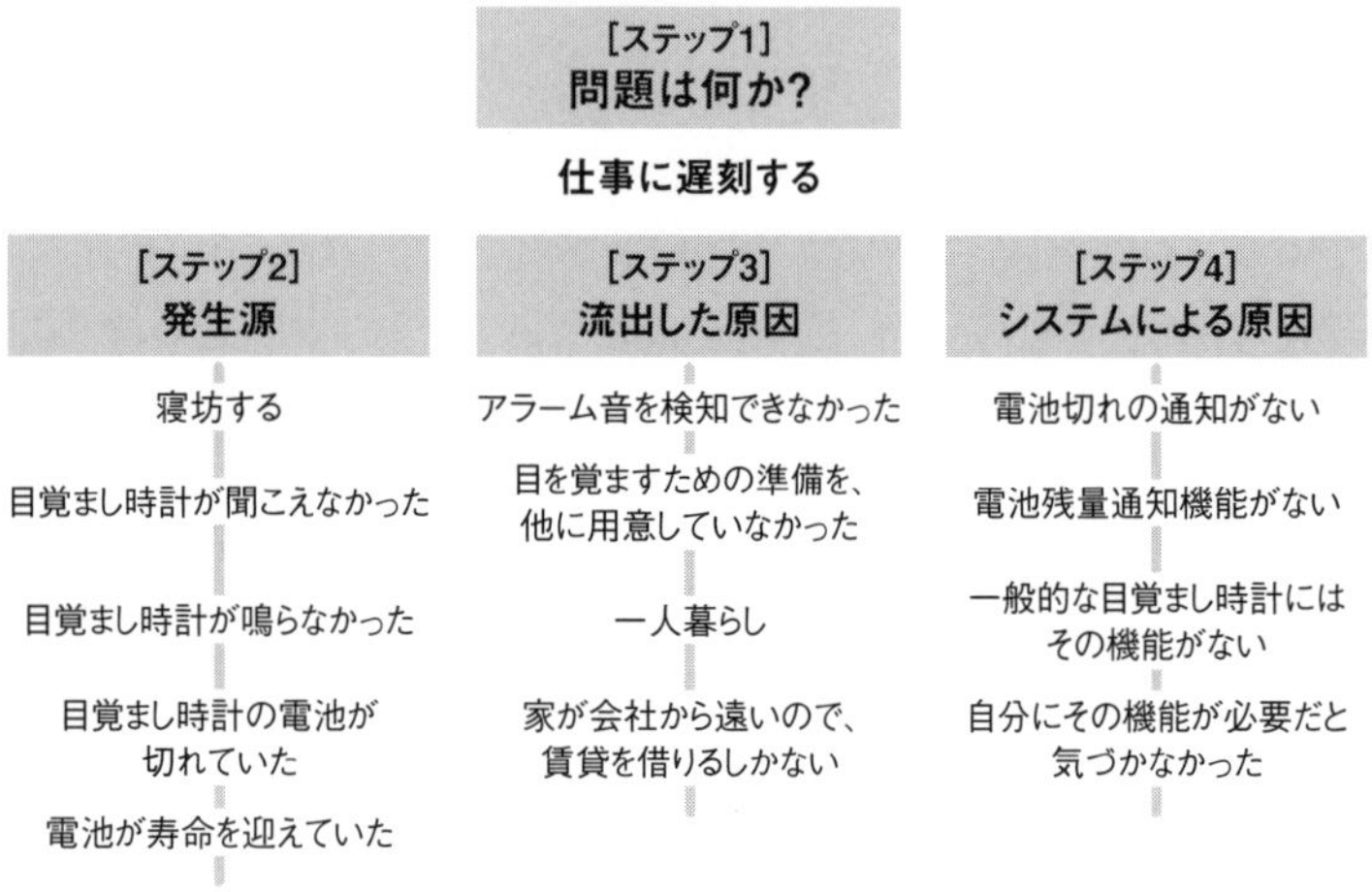

［ステップ1］
問題は何か？
仕事に遅刻する
［ステップ2］
発生源
寝坊する
目覚まし時計が聞こえなかった
目覚まし時計が鳴らなかった
目覚まし時計の電池が
切れていた
電池が寿命を迎えていた
［ステップ3］
流出した原因
アラーム音を検知できなかった
目を覚ますための準備を、
他に用意していなかった
一人暮らし
家が会社から遠いので、
賃貸を借りるしかない
［ステップ4］
システムによる原因
電池切れの通知がない
電池残量通知機能がない
一般的な目覚まし時計には
その機能がない
自分にその機能が必要だと
気づかなかった

ょうか。

しかし、先ほどの目覚まし時計と同じで、問題は依然として存在し続けてしまいます。

先ほど紹介した「3×5why分析」で根本的な原因を分析したあとには、**「問題の発生した原因」「問題が流出した原因」「問題のシステム的な原因」から解決策も考えます。**

もう一度、目覚まし時計の例を使います。

原因が分かれば、「2台の携帯電話を目覚まし時計として使う」とか「1台の目覚まし時計と1台の携帯電話を使う」「同居人に起こしてもらう」または「電池残量が表示される目覚まし時計を使う」などの多くの選択肢に気づけるはずです。

問題解決は、分析する角度を変えることで見えてくるものが多くあります。根本原因の裏付けとなる情報を探すことができれば、会議でのみなさんの説得力はさらに増していきます。

「3×5why分析」は、数年前から台湾のIT業界では広く使われるようになり、効果も上々です。

もしもあなたが管理職であるのなら、部下に対して、この分析手法を使って、問題解決を求めてみてもいいでしょう。

このようにさまざまな角度から考える習慣が身につけば、あなたの部下も将来的に、迅速で全面的に問題解決ができるようになっていきます。

4

「人間のバグ」を解消する方法

人間関係の問題解決は体系化できるのか？

営業職は、「人」を相手にする仕事です。

銀行や不動産業、物流業などの現場の担当者から、ときどきこのように聞かれます。「体系的な問題分析や問題解決のノウハウは、対象が人である場合にも役に立つのでしょうか」と。

この質問に対する、私の答えは「もちろん」です。

職場において、**人の問題は、一番難しいもの**です。

ただ、先ほど言ったように、体系的な問題分析や意思決定は、人間に関する問題にも大きく役立ちます。

実際、**人に起因しているように見える問題の多くは、実は「人の問題ではない」ことも多い**のです。

ここで、体系的な問題分析・問題解決の手法を用いて、「人間に起因する問題だ」と勘違いしがちな2つの例を紹介しましょう。

①　問題の定義が不明確だったパターン

私が以前、コンサルティングを行ったある企業では、あるときからオフィスの雰囲気がピリピリし始めてきたといいます。

ある管理職の方はこう不満を漏らしていました。「他部署の社員が私の部署にやってくるたびに、システムの問題点について、延々と議論を吹っかけてくるんです。その人がここで何をしたいのかが私には分からないし、問題がどんどん複雑になっていく感覚がある」と。

この問題に対して、当初、多くの人は「議論を吹っかけてくる特定の個人に問題がある」とか「部署間のコミュニケーションがうまくいっていないことに問題がある」と思いこんでいたようです。

しかし、改めて問題を分析してみると、本当の問題は、会社で稼働させたばかりの新しいシステムがうまく機能していなかったことにあったのです。

というのも、その会社では、新しいシステムを開発したばかりで、「このシステムがうまく稼働するかどうか？」と、社内で試験的に導入していました。ただ、多くの社員は新システムの導入作業には慣れていないこともあり、各部門がサポートを必要としていました。

このような状況では、ある人は分からないことを別の人に尋ねますが、尋ねられた側は「なぜこのような質問をされているのか？」を理解できません。**両者とも「相手は分かっているに違いない」と思いこんでいるために、話がかみ合わず、本来の問題からピントがずれてしまっていた**のです。

結果、問題を「人の問題」として、大きく捉え損なってしまいました。

改めて分析すると、問題の元凶は、システムのエラー率が非常に高いのに、会社の全部門が、試験的な導入を始めてしまったことにありました。

このように問題を定義する前に、「すべてあなたに問題がある」と社員同士で非難し合うのは非常によくないことです。

単なるシステムの問題が、解決困難な「人の問題」へと発展してしまったのです。

② 議論のシステムがうまく構築できていないパターン

議論をしていると、「相手の言っていることが理解できない」という状況に陥ることがあります。そこから話がかみ合わず、議論自体が破綻することも往々にして起こります。

これも話し手や聞き手といった「人の問題」だと考えるべきではありません。考え方や問題解決のロジック、今までの経験は人それぞれです。

互いの論理や考え方を理解するには、時間がかかるのが当たり前です。

だからこそ社内では、各自が共通の問題解決方法を使えることが重要です。同じ方法にしたがえれば、各人が同じリズムやペースで仕事を進められます。

問題分析がまだ途中でも、会議の参加メンバーに、各自で情報収集をすることも依頼できます。

また、問題分析では、５Ｗ２Ｈ（What「何」、When「いつ」、Who「誰」、Why

「なぜ」、Where「どこ」、How「どのように」、How impact「どのくらいの影響で」）**を使って、分析を行う**ようにしましょう。これを用いれば、社員の多くが同じ方向を見定められるようになります。

さらに、もう1点付け加えると、多くの人は「会議の効率が悪い原因」や「会議の時間が長すぎる原因」を、ファシリテーターのせいだと考えてしまいがちです。

しかし、実際はそれだけが原因だとは限りません。他の要因もあるはずです。

対人関係に関しては、体系的な問題分析を心がけましょう。

「対人問題」の核心を探る3つの手法

業務上、対人問題はどうしても起こってしまいます。こうした問題に対処するのが非常に難しいのは、まさにその通りです。

しかしこのような場合にこそ、感情の高ぶりを抑えて「真の問題がどこにあるのか？」を考えてみましょう。

対人関係の真の問題を見つけるためには、次の3点を重点的に考えます。

真の問題を見つけるための3つの観点

根本的な問題を明確にするための3つの質問	思考を重ねると、真の問題にたどり着ける
① 問題は明確か？	例：各部門はシステムの試験導入に協力する必要があるが、現在システムのエラー率が依然として高い状態。真の問題は部門間の対立ではなく、システムの試験導入期間中のエラー率が非常に高かったことにあり、この段階になってようやく、その責任は「開発部門」にあるとわかる
② どのように解決するべきか？	
③ 解決すべき問題は何か？	

①

今起きている問題は何であるか？

　まずトラブルが起こった場合には、「表面的なトラブルにすぎないのか？」あるいは「根本的な問題なのか？」をはっきりさせましょう。

②

どのように解決すべきか？

　トラブルを解決するときには、「同じ目線から問題を話し合えているか？」を確認しましょう。

　また話し合いを行う際には、ルールを決めて、相手に言葉を伝えるようにしましょう。

③

解決すべき真の問題は何か？

　問題の一面だけを見て「人的ミスだ」と早急に判断することは控えましょう。

人を支える「システム面」「制度面」および「マネジメント面」といった多様な側面にトラブルの原因は潜んでいます。

ここで、冒頭で紹介した「システムの試験的導入をめぐる、部門間のいさかい」に話を戻します。

この事例は、「表面的なトラブル」と「根本的な問題」を前のページの表のように整理できます。

このとき起こった部署間のいざこざは、誰の目で見ても明らかな「表面的なトラブル」です。しかし、このいざこざが起こった原因にこそ、根本的な問題が潜んでいました。

前述の①~③のポイントで、トラブルの内容を明確にでき、真の問題は、「システムのテスト結果のエラー率が、非常に高かったこと」にあると分かるのです。

5

問題解決は「ダイナミック」に考える

「常に変化の最中にある」という自覚

全世界に衝撃を与えた新型コロナウイルスの流行によって、多くの人の仕事や生活に大きな影響があったのは、まだ記憶に新しいと思います。

コロナ禍は代表的な例ですが、緊急事態に対応するためには、選択の余地なく、必然的に変化を受け入れざるを得ません。

私の友人は、2021年5月中旬に結婚式を挙げる計画でした。

式の計画は、すべて完璧に進んでおり、招待客の選定から、準備する円卓の数まで決まっていました。300個の引き出物も、すべて準備が整っていたといいます。

しかし、台湾ではパンデミックが急速に拡大してしまい、友人は、せっかくの挙式を中止せざるを得なくなりました。

このエピソードを聞いたときに、「もしも私が、その状況に直面したらどうするか？」と考えてみました。

私なら、まずは引き出物の賞味期限を確認し、まだ先ならば、パンデミックが落ち着くのを待って、発送したり、自家用車で一軒一軒回って届けたりしたでしょう。

もしくは、友人に贈ることはあきらめて、パンデミック下で、その物資を必要としている社会福祉団体に寄付することも考慮に入ったかもしれません。

コロナ禍は「外部環境が絶えず変動し、それに応じて決断を変え続けなければならない」という特殊な状況でした。これに対処するには、**「ダイナミックな問題分析と意思決定」という能力が必要**です。

物事や状況が常に変化する中で問題を分析し、意思決定も柔軟に行う。物事や状況全体の変化が止まるまで、常に問題に挑み続けるのです。

この能力を身につけるためには「3つの考え方」が大切になります。

①　アジャイル思考

アジャイルとは、「**サイクルを短期間で回す**」を意味します。それにならい、アジャイル思考とは、迅速なフィードバックの取得・修正を行うことを重視する考え方です。

絶えず移り変わる問題に直面したときには、素早く解決策を考え、それを実行し、フィードバックを得ながら修正をしていく必要があります。

行動を実行に移す前に最善の解決策を思いつく必要はありません。完璧を目指すと、対応に時間がかかり、その間に問題がさらに大きくなってしまいます。

一時的な対処策を考え、成果を得てから、根本的な解決策に踏み出します。

②　柔軟性と同時並行の思考

状況の変化が速い場合には、柔軟なアプローチが求められます。

意思決定のスピードは、状況の変化よりも速いのが理想です。問題分析と同時並行で、対処方法も考えながら動くようにします。

状況に対する一時的な対処措置もスピードが重要です。問題を素早く解決するためにも、「柔軟性」と「同時並行」という考えを持っておきましょう。

③ 思考の枠組みを超える思考

市場には、必ず成功する解決策やフレームワークは存在しません。

また、市場の変化は激しく、常にかつてないことが起こり続けています。**そもそも頼れる「経験」なんて基本的にはない**のです。

したがって、目の前の問題を解決するためには、既成概念にとらわれない勇気を持つ必要があります。

たとえば、今までの経験や来歴などが多彩なメンバーでチームを立ち上げることも、思考の枠を超える方法の一つとなります。お互いに意見交換をすることで、それぞれの思考の枠組みを拡張できます。これにより、新たなアイデアも生まれやすくなるのです。

台湾のアメリカ料理レストラン「Second Floor Cafe」は、コロナ禍の際に、戦略をダイナミックに調整して、先手を打って展開しました。

たとえば、商品を売り切るために、値引きにぴったりのタイミングを素早く見つけ出しました。また、パンデミックの状況に応じて、食事の受け取り方法を調整したり、商品を受け取るまでの流れも改良したりしました。

これにより、このレストランは、スタッフがお客さまと接触する機会を、大幅に減らすことに成功したのです。

市場は常に変化しています。それに合わせて、私たちも決断を修正しています。限られた時間の中で、関連する事例を正確かつ幅広く収集し、決断の参考にする必要があるでしょう。

以上の3つの考え方を通じて、ダイナミックな問題分析と意思決定の能力を養うことができれば、環境や職場が変化しようが、あなたは、それに対応できるようになるでしょう。

こうした必ず起こり得る変化にうまく適応できてこそ、あなたは一つ進化した存在となれるのです。

6

会議は戦場、万全の備えを整えるべし

準備ですべてが決まる

どんな会社でも、「会議」は行われています。それだけ会議は重要なものです。その一方で、「しょっちゅう会議がある」というのも、なかなか困った状況となってしまうでしょう。

台湾では、業務の性質との兼ね合いはありますが、ほぼ毎日会議を開く職場が多く存在しています。

私が半導体業界で働いていたときも、会議に毎日参加していました。数年間にわたって、その会議に参加することを通じて、私は、データ収集・分析、質問、プレゼンテーション、応対、論理的思考などの能力を磨いてきました。

そこで得たのは、**「準備をする人は、決して損をしない」**という教訓です。しっかり準備できていれば、たとえ間違いがあったとしても、「どこが間違っていたのか？」「どのように修正すればいいのか？」をあとから理解できます。

ただ、会議に参加する限りは「報告事項はないから、今日はただ座って聞いていればいい」という考えではありませんでした。

会議で話されていることは、多くの先人たちが積み上げてきた経験則です。その知識を共有できないということは、後々、痛い目に遭うことにつながるでしょう。

私のクライアントの中には、生産会議を2、3日に1度しか行っていない会社もあります。それを聞いて、私はすごく驚きました。

製造業における生産・製造部門は、非常に重要な仕事にもかかわらず、この状況では、生産ラインの全体状況を理解できているのは、一部の決まった人だけになります。

一方で、大部分の人は、単に機械的に出退勤して働いているだけです。これでは、部門をまたいだ協働などできるわけがありません。

加えて、生産会議には、他部門の管理職クラスも出席した方がよいです。

生産会議では、いろいろな状況に対処をする必要が出てくるので、「生産製造部門としてどう動くべきか？」についての迅速な判断が必要です。

そんなときに、各部門の管理職クラスの人が出席していれば、その場で決定を下すことが可能になります。会議の場で、すぐに解決方法を決めることができるのです。

そのため、私は、生産・製造部門、工程管理部門、設備部門、品質管理部門の責任者だけではなく、ＩＴ部門の責任者にも、生産会議への出席を求めています。

こうして、生産情報と密接に関連しているＩＴに関しても部門責任者がいれば、すぐに説明できる状況になります。これにより、各部門の責任者が生産状況をより理解できるようになり、生産に問題が発生した場合でも、迅速かつ効果的に解決できます。

以前、私はクライアントの生産製造会議に出席しました。その日の生産状況を聞くと、しっかりした製品が作られる確率（歩留まり率）は、90％しかありませんでした。これは、過去最低の数字だったといいます。

そこで、私は、次の4つの質問をしました。

① どのようにして、歩留まり率の正確性を確認しているのか？
② 歩留まり率をどのように算出しているのか？
③ 歩留まり率が低くなったのは、どこに原因があるのか？
④ 今まで歩留まり率が低かった際に、関係者会議などで対処を行ったのか？

以上の質問に対して、出席者は、返事に詰まってしまいました。

重要な生産指標に問題が発生しているにもかかわらず、誰も明確に答えられないのは大きな問題です。

ここで私が強調したいのは「**会議は戦場である**」ということです。

もしも準備が十分ではなかった場合、あなたは会議で「戦死」する可能性があると自覚しましょう。

プレゼンテーションには「地雷」が存在する

スティーブ・ジョブズ氏のプレゼンテーション動画を見たことがありますか。彼のプレゼンスキルは卓越しています。まさしく「マーケティングの天才」と言えるでしょう。

では、あなたがステージに上がってプレゼンするときには、「ジョブズのマネ」をすれば、訴求力が格段に向上すると思いますか。

もちろん、そんなことはありません。

その理由は、あなたのプレゼンの目的が、ジョブズとは全く異なるからです。ジョブズのプレゼンは、「プロダクトの紹介」に重点を置いています。一方で、一般企業で働く人は、ビジネス現場でのプレゼンがメインで、「ソリューションの提案」に重きを置くことのほうが多いはずです。

それ以外にも「サービスの販売」「アイデアの提案」など、ビジネスにおけるプレゼンの目的はさまざまです。

ただ基本的には、ビジネス現場での**プレゼンは、いかに相手の心を動かし、**

「こちらが提供するソリューションを納得してもらえるか」が重要です。

社会人の多くは、「業務の進捗」や「プロジェクトの報告」「企画提案」など、上司に報告しなければならないことが、山のようにあるでしょう。

そのようなときには、プレゼンを行うことも多いはずです。

もしかすると、みなさんの中には、矢継ぎ早に厳しい質問を受け、期待通りの受け答えができないなど、苦い経験をした人もいるでしょう。

実際、プレゼンにはあちこちに「地雷」が埋まっているのです。

プレゼンの参加者は、誰でも発言できるので、あなたのプレゼン内容に対する異議だって提起されます。

これは「事実を追求する」という本気度や、「発表者は一言一句に対して責任を持つべきだ」という真摯な態度の表れに違いありません。

まずは、プレゼンをする場合には、当たり前のように厳しい意見も提起されると心しておくべきです。

プレゼンとは、仕事に対するあなたの総合力を示すものです。

たとえば、プレゼンの際に「言葉による説明が足りていない」「肝心な部分を避けているので、内容が薄っぺらい」「自信過剰に見えてしまう」「事実を捻じ曲げている」などが頻繁に起こると、あなたの仕事の能力が疑われてしまいます。

社外プレゼンなどで、右に挙げたようなミスをした場合には、会社のイメージを非常に悪くしてしまうことでしょう。「あの会社は、物事を誇張して話す」という評価を受けるのは最悪です。

そのため、プレゼンをする際には、分かりやすい表現や根拠に基づいた論理展開が求められます。

データを正確に把握してわかりやすく提示し、論理的な推測がテーマに合致していることは大前提となります。

限られた時間の中で力を込めて要点を伝えること。それと同時に、結論や重要な発見をできるだけ簡潔にまとめて話すようにしましょう。

プレゼンに潜んでいる「5つのタブー」

プレゼンのスキルを向上させるテクニックを紹介した書籍はたくさんあります。なので、詳細はそうした本で学んでもらうことにして、私からは、プレゼンをする際に**絶対に犯してはいけない「5つのタブー」**を紹介します。

①　プレゼン資料に凝りすぎてしまう

人間が最も嫌うことは、「見かけだけ華やかで、中身がないこと」です。

プレゼンにおいても、それは同様です。

資料をつくるときには、おしゃれさを追い求めてすぎてはいけません。「**プレゼンの目的は、問題解決することにある**」のです。

私がコンサルティングをしていた会社が、あるプロジェクトについてプレゼンをしてくれたことがあります。

担当者が、スライドの最初のページを表示すると、次の瞬間、たくさんのアニメーションが飛び出し、にぎやかなBGMが流れたのです。

その瞬間、私は思わず顔をしかめてしまいました。そのうえで、あえて厳しい言葉で「私が見に来たのは演出ではなく、プロジェクトの内容です。すぐに要点に入ってください」と伝えたことがあります。

プレゼンテーションは、デザインコンテストではありません。

重要なことは、参加者に見やすく表示できるプロジェクターを使って、読みやすいフォントとレイアウトを選ぶことです。それで十分なのです。

さらに言えば、フォントと色は3種類以上使わず、レイアウトは簡潔にすべきです。プレゼンをするときには、いらない情報を削除して、重要なポイントを際立たせるべきなのです。

あなたの顧客や上司は「資料の見た目が美しい」ことを求めていません。彼らは見た目ではなく、問題そのものや解決プロセスのために、あなたの大切な時間を費やしてほしいと思っているのです。

② 最初の2ページまでに要点が出てこない

「人は話を聞く集中力を持続できるのは、わずか5分間」といわれています。その後は、次第に集中力が切れていきます。つまり、時間が限られているプレゼンでは、**最も効果的なタイミングを活用して、要点を伝えるべき**なのです。

誰もが一度は、「長々と無駄話をして、要点が全く見えてこない」話を聞かされたことがあるのではないでしょうか。そういうときに、私たちは傾聴するのを止めてしまうでしょう。

プレゼンもまさに同じです。聞き手が「不満」を感じ始めたら、その時点で、プレゼンはしっかりと聞いてもらえなくなって、無駄になってしまいます。

ですから、プレゼンの要点は、**できるだけ前に持ってきたほうがいい**のです。

本題に入るタイミングが早ければ早いほど、内容はより明確になります。そのため、聞き手を置いてけぼりにして、迷子にさせずに済みます。

もちろん、良い例もあります。ある会社で顧客が製品の値下げを要求してきた際、上司が「分析して報告をまとめるように」と、部下に依頼しました。

この依頼に対して、部下が行ったプレゼンが見事でした。最初のページに「値下げしません」と結論を提示していたのです。

この1枚目のスライドを見ると同時に、上司は「それでいい。私も同じ考えだ」とほほ笑んでいました。

次に2ページ目では、値下げしない理由を提示していました。その報告は3分間くらいで簡潔にまとめられており、上司は非常に満足していました。

もしすでに、結論を導き出すことができているならば、プレゼンのときに、すぐに提示しない理由はありません。

聞き手の多くは、「論理的な正確さ」以上に「要点の明確さ」を重視していることを、心に留めておいてください。

最初のページで要点を伝えられれば、聞き手は、結論に基づいて話の流れを追うことができます。

こうすると、プレゼン中に質問も準備しやすく、やりとりが生まれるようになり、チームでの問題解決にもつながっていきます。

③「論理の構造」と「思考の道筋」が見えてこない

どの問題にも、因果関係は存在しています。

そのため、問題解決の手順や論理、根拠などは、プレゼンで明確に示しておく必要があります。

私が経営している会社では、サーバーの問題が頻繁に発生していました。そこで私はなぜサーバーが頻繁に問題を起こすのかを、サーバーの担当者にプレゼン形式で説明を求めました。

その担当者が行ったプレゼンは、論理が明解ではなく、問題解決に向かってい

論理が見えてこない、ダメな表

対策の名称	継続中かどうか?	補足説明
A 新たな図面審査フローの構築	×	より良い方法に変更された
B 品質管理審査フローの構築	○	
C 技能検定フローの構築	○	

く流れが見えてきませんでした。

149ページの例にも似ていますが、「納得のいく解決策が提示できなければ、プレゼンそのものが無意味である」ことも、忘れずに頭に入れておきましょう。

こうした問題解決型のプレゼンにおいて、一番いい方法は**「スライドごとに、テーマを記載しておく」**ことです。そうすることで、問題解決の流れがはっきり見えてきます。

ここで、1つ例を挙げます。

あるプロジェクトで施された対策が、「一定期間経過後も、うまく運用されているかどうか?」を確認したいとします。

そのときに、担当者が、1ページの簡単な資料（上図）を持って、あなたに対して説明を行ったとしましょう。

みなさんはこの内容を見て、「何かが欠けている」と感じませんか。

私からしたら、この資料は、論理が不明確です。

たとえば、時間軸が示されていないので、「A」という対策がいつ実施され、いつまで継続されたのかが分かりません。

また、「より良い方法に変更された」理由についても書かれてはいませんし、分析結果も示されていません。

このようなプレゼンは、「0点」です。問題と結論が書かれているだけで、論理的な道筋が見えてこないからです。

これではプレゼンの場で少し突っ込まれただけで論理が破綻してしまい、おおよそ質疑に耐えられる資料とは呼べないでしょう。

④ 図があるだけで、結論が示されていない

プレゼン資料には、スライドごとにまとめを必ず入れておきましょう。

スライドが1ページだけの場合には、結論を1行目に書くようにします。

結論を述べるためには、その根拠が必要になります。この根拠を示すために、

伝えたい結論が見えないため、ダメな円グラフ
〈各プロジェクトの実施状況について〉

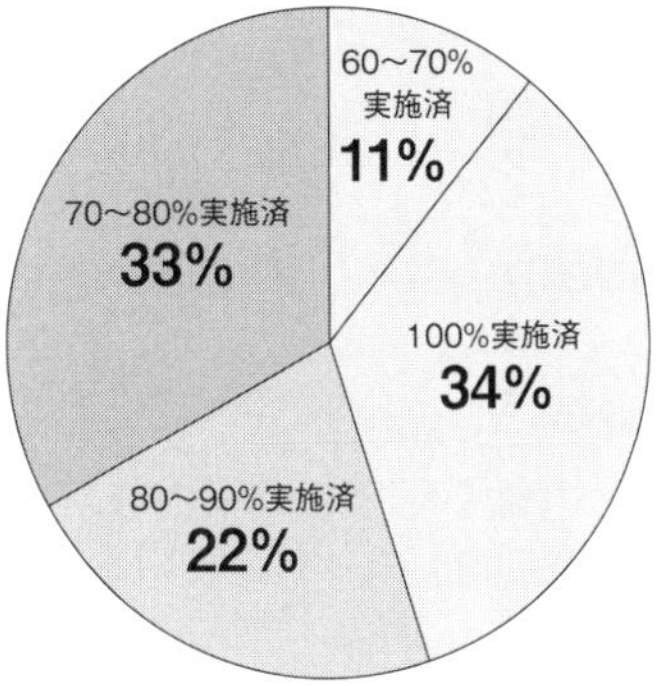

プレゼン資料に「ランチャート」「棒グラフ」「円グラフ」などのグラフを入れる人は多くいるでしょう。

しかし、グラフだけ示して、そこから読み取れる結論が書かれていなければ、意味がありません。

それは、プレゼン参加者の「グラフから情報を読み取る力」に、成否を委ねているに過ぎません。

この場合、聞き手は「伝えたい結論は何だろうか？」という疑問を浮かべたまま、あなたの話に耳を傾けなければなりません。

グラフの分析はあくまで過程です。それよりも、分析の結果として得られる結論のほうが重要なのです。

また、**「分析過程の論理が合理的かどう**

か？」「根拠となる裏付けがあるかどうか？」は、スライド作成の際に注意しなければならないポイントです。

たとえば、私のクライアントには、「プロジェクト改善」をテーマとして掲げ、各テーマについて、社内のコンテストで発表を行っている会社があります。

そのプレゼンの際に見かけたのが、前のページの図です。

このグラフは、それぞれの改善内容における、実施状況を示しているだけです。参加者にとっては、この図を用いて、何を結論として伝えたいのかがまったくわからないのです。

⑤ 内容やデータを理解できていない

発表者自身が、スライドに載せた内容やデータを、正確に把握できていないことはよくあります。

そうなると、自分がいま何を話しているのか理解できず、プレゼン参加者の質問に対しても返答できません。

企業コンサルを行っていたときに遭遇した事例を紹介しましょう。

理由がまったく見えてこないため、ダメなグラフ

〈6月〜8月の設備故障に対しての修理時間〉

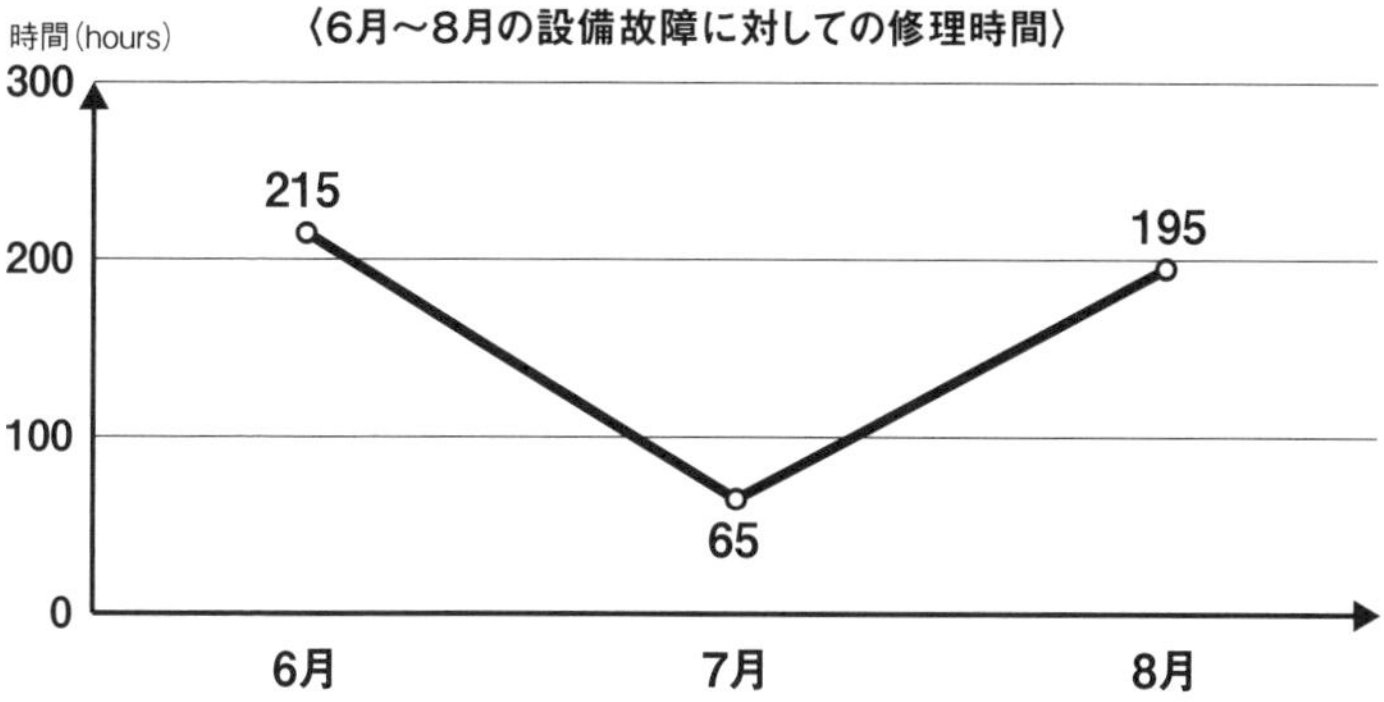

ある会社の管理職の方が、ここ数か月間の設備故障の修理時間を、上図のように報告してきました。

その数字を見た私は、彼に「なぜ7月の修理時間は65時間だけなのか？」「そのときにいったいどんな対策を行ったのか？」と質問しました。

彼はその場で答えられませんでした。

私はこれに大変驚かされました。「たった3か月間で量も多くないデータなのに、なぜ数字の内容をしっかり理解していないのか？」「なぜ自分が理解していない情報を提示してしまうのか？」と。

プレゼンを行う際には、**発表者として、資料の基本的な部分はしっかり認識しておくべ**

気をつけておくべき プレゼンのタブーとポイント

5つのタブー	改善ポイント
1.プレゼン資料に凝りすぎ	プレゼンの目的のほうが、デザインよりも重要であると心得る
2.最初の2ページでプレゼンの要点に触れていない	プレゼンの冒頭に要点を述べる
3.論理構造、思考の道筋が見えない	主題を入れて、論理を明快にする
4.図があるだけで結論が示されていない	スライドの各ページに結論がある状態にする
5.発表者自身がスライド上の内容やデータを正しく理解できていない	プレゼンに含まれるデータは、すべて明確に理解しておく

きです。

そしてデータを提示する以上、各数字の背後にある意味を理解しましょう。

ここでは、プレゼンの5つのタブーを紹介しましたが、これは裏を返せば、プレゼンのコツでもあります。

プレゼンがうまくいかなかったときこそ、基本に立ち返るようにしましょう。

しっかり相手に伝えるための準備ができているかどうかを考えて、そのための努力を惜しまないようにしましょう。

7

「後日、報告します」はNGワード

会議は、一番の学びの場

優秀な社員たちから「問題解決能力を鍛えるにはどうしたらいいですか？」と聞かれたときには、私はいつも「会議で学びを得ることから始めましょう」と答えています。

みなさんには、**毎回の会議は「学びの場」ととらえてほしい**のです。会議を通じて「どのような問題解決能力を鍛えるか？」と考えるようにしてみましょう。

会議から学べるスキルは、それぞれ会議の性質によって異なります。

① 定例会議では質問を義務づける

定例会議では、**「参加者は、必ず質問をする」**というルールを設けるのがいいでしょう。

会議では、報告が終わるまで、「上司だけが質問をして、他の人たちは沈黙している」ということがよくあります。

1人目の報告が終わると、次の人が発表し、全員が順番に発表し終わったら、会議も終了する。

このような会議は、発表者が上司に報告しているだけにすぎません。そのため、この会議の出席者は、他の人の発表内容にほとんど関心を持たなくなります。

あなたの所属している部門の会議を思い出してください。同じような状況の場合も多いのではないでしょうか。

こうした状況を受けて、私は、「会議の参加者は、必ず質問をする」というルールを導入しました。

報告終了後、上司はその場にいる全員に対し、その報告に対する意見を尋ねます。

このように**強制的に質問をする方式にすると、参加者たちの思考は、自然と「学習モード」へと切り替わっていきます。**

すると、他の人が報告しているときも、出席者は集中して聞くようになります。また、自分の質問が的を射ていなければ、他の意見と比較されて、低い評価がつけられてしまうという緊張感もあります。

こうして、会議の出席者は、知らず知らずのうちに論理的思考を鍛え、他の人の見解や意見から学ぶことができるのです。

台湾では、**ＴＳＭＣのように成果を上げている企業ほど、一つひとつの会議を無駄にしません。**もちろん、「上司が、一方的に意見を述べる」ような形はとらないようにしています。

ただ、「全員が発言し、必ず質問する」方式を取っても、最初の段階ではなかなか質問が上がってこないでしょう。

というのも、会議での報告に関わっていないメンバーもいますし、会議で報告されている業務内容をまだ理解できていない社員もいるはずだからです。

その段階を突破するために、会議の前には、参加者全員が必ず他の報告書に目を通しておくようにしましょう。これにより、質問の準備を行うことができます。

また、他の参加者からの質問にも、より十分な準備をしておくべきです。

事前に想定問答を考えておくことで、報告内容をより詳しく把握できるうえ、論理構成を練り直したり、さらに子細な報告ができたりします。

② プロジェクト進捗会議には責任者が出席

進捗会議では、その場で発言できるようにしましょう。

私には、印象に残っている会議があります。

ある企業のプロジェクト進捗会議で、研究開発部長が、社長と副社長にプロジェクトの進捗を報告した際に、彼は2人からの質問に答えられませんでした。部長は「再度確認して、明日、改めて社長にご報告します」と発言しました。

しかし、私はコンサルタントとして、会議が終わるまでに、研究開発部長に問題解決をしてもらうように提案しました。

というのも、この部長が会議の合間を利用して、担当者に電話をかけ、部門全体で動き、資料を探すことができれば、その答えは、20分以内に見つかるように思えたからです。その回答を会議中に部長が受け取れば、会議が終わるまでに社長に報告することは可能です。

誰しも、問題が発生したときには、すぐに答えを得たいものです。なので、「問題の厄介さ」を嘆くよりも、即座に行動を起こして、答えを見つけに行くべきなのです。

別の言い方をすれば、**日頃から資料の分類や関連データなどの情報整理をしっかり行い、「いざ！」というときのために備えておく**必要もあります。

毎回、問題を持ち帰ることで、時間を浪費してはいけません。

また、社員は短時間で答えを見つけるための訓練として会議の場を活かせるようにしましょう。

③ 部門横断型のプロジェクト会議では相互に成長を

部署がたくさん関わる会議では、**「多角的な視点」を意識して学ぶ**ようにしましょう。

部門横断型のプロジェクトに関する会議は必要に応じて行うべきです。

そうすれば、会議によって、部門間のコミュニケーションがより円滑になりま

会議での学習記録〈例〉

	1/1	1/15	1/30
部門の定例会議			
部門のプロジェクト進捗会議			
部門横断型のプロジェクト会議			

す。さらにうまくいけば、会議を通じて大きな問題の解決の糸口を見つけられるかもしれません。

また、異なる部門の専門知識を、お互いに学ぶこともできます。

プロジェクトは、参加者が多ければ多いほど、物事をより多角的に見ることができ、有意義となります。

各部門のメンバーは、個性、勤務年数、専門性が異なります。こうした多様な人々を共通の目標に向けて導く方法を、部門横断的なプロジェクト会議では学ぶことができます。

ちなみに私は、Excelで作った簡素なものではありますが、**会議で学んだことを書いておくメモ帳**を使っています。

私は、このメモ帳に、「どんな会議だったの

会議を行う手順

① 会議前	1. 目的を設定する 2. 適切なメンバーを選ぶ 3. 時間、場所、設備を手配する
② 会議開始時	1. 定刻に会議を開始する 2. 目的、議題、ルール、議題の優先順位などを説明する 3. 役割分担を決める
③ 会議進行時	1. 全員が参加する 2. タイムキーピングする 3. 建設的な議論をする
④ 会議終了時	1. 会議の目的が達成されたことを確認する 2. アクションプラン、完了日、担当者を書き出す 3. 会議の内容を記録し、次回の時間と場所を決める
⑤ 会議後	1. 議事録を出席メンバーに送る 2. 会議で出た結論を実行に移す 3. 次回の会議の内容を計画する

か？」「いつ行われたのか？」「なにを学んだのか？」を書き込んでいます。そして今でも、このメモを取る習慣は続いています。

重要なのは「どんな形でメモを残すか？」ではありません。「**会議から学んだ知識を記録すること**」です。この習慣が、職場で大いに役に立つ日が来るでしょう。

現実として、会議のほとんどは、非常に非効率です。

厳密に言えば、会議は非常に形式的なものに囚われています。

会議にこそ、マネジメントの手法を導入していくべきです。

会議を効率的にするためには、体系的

な方法としっかりとしたプロセスが必要です。

たとえば、会議前、会議開始時、会議進行時、会議終了時、そして会議後に注意すべき事項を計画し、プロセスの管理を行うことは非常に重要です。

その流れは、前のページの図にまとめておきました。

なにより、会議はただの顔を合わせる場ではありません。

全力で取り組むべき「学習の場」であると心得ましょう。

8 質問力を効果的に高める「7つ道具」

なぜ急な質問に答えられないのか？

仕事中に、上司から急な質問を受けた経験はありませんか。

急な質問に意表を突かれ、答えられなかった苦い思い出がある方も少なくないと思います。

私にも、同じような経験があります。こうした急に降りかかってきた質問に答えられなかったときは、「質問、ありがとうございます」とか「確認して、後日回答します」と口癖のようにいつも言っていました。

あまりにもこうした経験が多いので、「どうしていつも私が返答を準備していないものばかり、役員は質問してくるんだろう？」と疑問に思っていたこともあ

これらの指標の中で、質問すべき箇所はどこか？

	第1クオーター	第2クオーター	第3クオーター	第4クオーター
満足度	99.9	99.8	99.9	99.8
総売上高（百万円）	200	210	180	200
売上高／人（万円）	100	110	120	105
新規顧客数	16	20	14	15

りました。

しかしその後、仕事の経験を積んでからは、かつての上司のような**質問力を持つことは、それほど難しくない**ことに気がつきました。

重要なのは、質問のロジックを理解し、ビジネスパーソンが重視しているポイントを把握することだけだからです。

ここで、一つ例を挙げて、紹介しましょう。

「満足度」「総売上高」「顧客1人当たりの売上高」「新規顧客数」といった4つの業績指標を、上司に各四半期に提出しなければならないサービス業の企業があるとしましょう。

あなたが質問者の場合、上図にある指標のどこに着目して質問をすべきでしょうか。

まずはなにより「関連するデータが正確かどう

か？」を確認すべきです。

その後、ある一つの指標を対象として、変動幅の大きさに注目します。過去のデータと比べて、変動幅が微小であれば「おおむね問題なし」とし、それ以外は「問題の可能性あり」と見なします。

次に、その問題が発生した原因を説明し、「再発防止のために、どのような対策を講じるべきか？」をまとめた報告書を準備します。

以上の2つの観点を踏まえて、改めて前ページの図をみたときに、次のようなポイントに気づけるはずです。

① 第3クオーターの総売上高が、「180」しかないのはどうしてなのか？

② 第2クオーターに新規顧客数が大幅に増加したのはどうしてなのか？

このようにすれば、表の中で見落としてはいけないポイントを押さえることができます。

ビジネスパーソンの多くもこれらの指標を見るときに最も気にするのは、「数値の変動幅が激しくないかどうか？」「大きな問題が発生していないかどうか？」

なので、その2点は少なくとも見落としがないようにしましょう。

盲点からくる質問に答えるための方法

先ほど紹介したポイントにしたがって、「総売上高」と「顧客数の成長」に着目するだけでは十分ではありません。

上司は、もう少し踏み込んだ質問をしてくるはずです。例えば、次のようなものです。

① なぜ総売上高は、ほとんど成長していないように見えるのだろうか?
② なぜ、第3クオーターの新規顧客数は減少しているのに、顧客1人あたりの売上高は増加しているのか?

実際に質問された担当者は、答えに困ってしまいました。彼は「心の中で2つのことを考えていた」と言います。

1つ目の「総売上高は、ほとんど成長していないように見える」という指摘については、総売上高は横ばいであり、あえて取り上げる必要はないだろうと思っていたそうです。

そして2つ目の質問されたポイントについては、彼はまったく気づいておらず、回答する準備もできていませんでした。

上司がこのような質問をした理由を探るためには、**上司が「質問によって、何を知ろうとしていたか？」を考えてみるべき**でしょう。

つまり、「上司は、どのように企業の業績指標を見ているか？」「上司は、どの数値に関心を持っているか？」を考えるべきなのです。

上司の重視していることがわかり、上司の視点から報告書を見られれば、「どのような質問をするか？」を予測するのはたやすいことです。

そして、上司の視点が身につけば、あなたは、より深く広い視野で問題を見つめることができます。

企業経営において、幹部が重視する観点は、次の3つに集約されます。

①　業績が伸びているかどうか？

②　潜在的な問題が存在するかどうか？

③　すべての数値に、論理的な関連性があるか？　指標と指標の間に合理的な関連があるか？

これらの3つの観点を理解できていれば、少なくとも、次の7つの質問を、上層部が考えるようにすぐさま思いつくでしょう。

①　なぜ、総売上高は成長していないのか？
②　なぜ、第2クオーターの満足度は、0・1％低下してしまったのか？
③　なぜ、第3クオーターでは「顧客1人あたりの売上高が上昇している」のに、「総売上高は減少している」のか？
④　なぜ、第3クオーターの新規顧客数が減少しているのに、顧客1人あたりの売上高は上昇しているのか？
⑤　なぜ、第3クオーターで、新規顧客数は増えていないのか？
⑥　今までのトレンドでは「第3クオーターまでは、顧客1人あたりの売上高が四半期ごとに伸びている」のに、なぜ第4クオーターでは下がっているのか？

⑦「満足度はいずれの四半期でも高い」のに、この指標が存在している意味は何なのか？　あるいは、逆の指標（顧客からのクレーム件数）を見る必要はあるのか？

このように、幹部は、こうした指標を見る目的がまったく違ってきます。

社員一人ひとりが、幹部のような思考を養い、より深く広い視野で問題を見つめて、問題解決力を身につけるのは、非常に重要なことです。

こうした力をつけた社員は、会社の重要な人材となっていきます。このように社員が成長していけば、企業全体もますます成長していくことでしょう。

質問に磨きをかける７つ道具

１６８ページの事例では、よく見かける業績指標の４つをもとに説明をしました。

実際には、業績指標が４つだけということはあり得ませんし、各企業の特徴は

「良い質問」をするための7つ道具

質問の7つ道具	内容説明
比較	**2つ、またはそれ以上のデータを使って、類似点・相違点を比較する。** 例：機械Aと機械B。上司Aと上司Bなど。
5W2H	**5W2Hで質問をする。Why（なぜ）、What（何が）、Where（どこで）、When（いつ）、Who（誰が）、How（どのように）、How much（いくらで）。これらの質問を組み合わせることで、思考に抜けや漏れがあっても補完できる**
もし〜なら	**仮定の状況を考える。** 例：もしあなたがオペレーターだったら、どうするか？　あなたが顧客だったら、何を望むか？
可能性	**物事が発展する可能性を推測する。過去と未来の理解を深める。** 例：A案を採用すると作業効率は上がるが、品質にはどのような影響があるか？
想像力	**想像力を駆使して未来を見る。不可能なことを可能にする。** 例：この作業方法における最も理想的な状態はどのような状態か？
〜以外に	**慣例を打破し、異なる視点や答えを模索する。** 例：AとBの2つの方法以外に、他の方法はあるか？
代替案	**元データを他の言葉や物事、考え方に置き換える。** 例：人員を使って測定するのは時間も労力もかかるので、代わりに何を使えばいいか？

異なるため、注目する指標も異なるでしょう。

また、質問力を上げることは、仕事をするうえで関わる取引先や顧客などとの関係性を非常に良好にしてくれて、今よりも格段に効率的なコミュニケーションを行うことができる助けとなってくれます。

どんなときでも万能に活躍してくれるのが、「質問の7つ道具」です。

その7つ道具とは、「比較」「5W2H」「もし〜なら」「可能性」「想像力」「〜以外に」「代替案」のことを指します。

具体的な内容については、右ページの表にまとめておきました。

この7つに論点を整理していくことで、相手の話の要点がより明確になり、お互いに納得をしながら話を進めることができるようになります。

また質問だけにかぎらず、自分でプレゼンを行う際などにこの論点整理を行うことができれば、より論旨がはっきりとして、聞き手が分かりやすい内容に練り上げることもできるでしょう。

さらに、例を挙げて説明します。

ある製品の直近3か月間の売上状況が176ページの図になります。

これをもとに、質問の7つ道具を使って質問を考えてみると、177ページの

［問題］ このグラフに対して「7つ道具」を使って質問してください

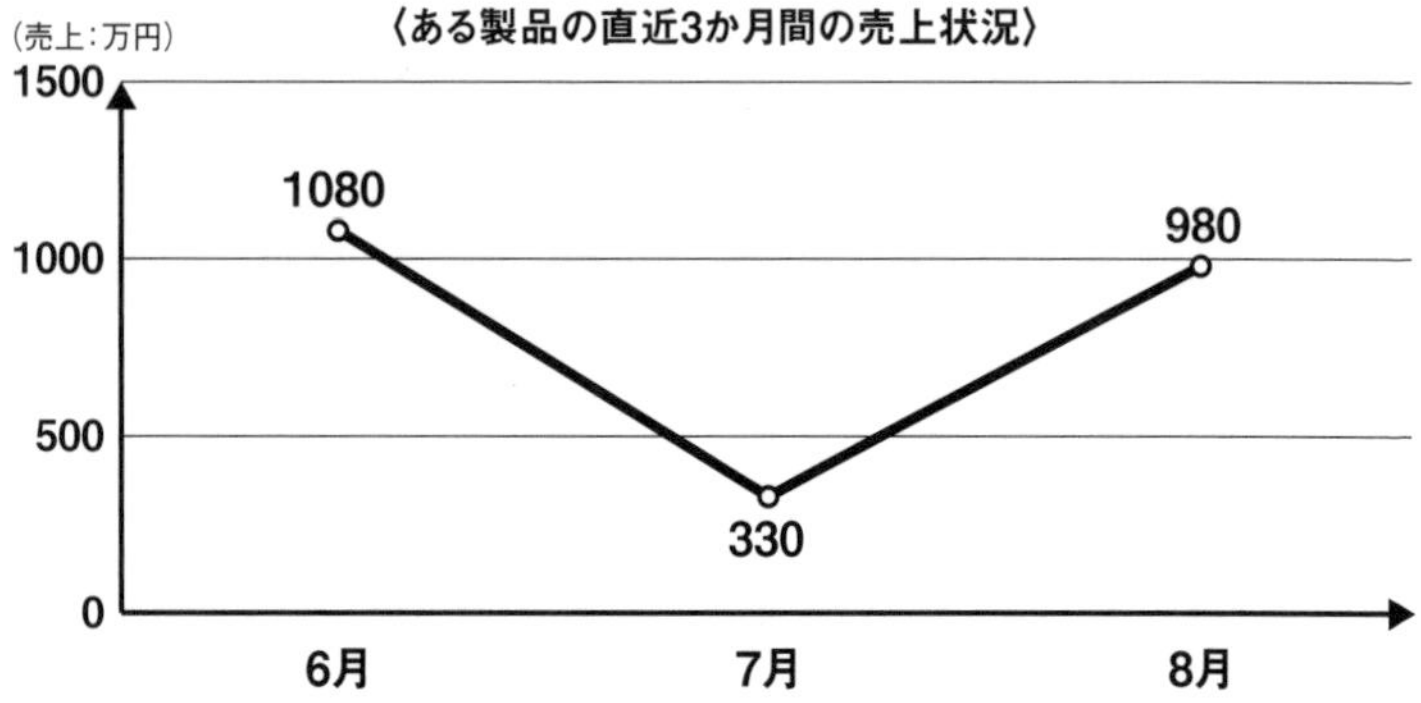

図のように整理することができます。

この7つ道具を使った論点整理によって身につく「質問力」「問題分析と解決」「論理的思考力」などは、仕事における基本的な能力です。時代が変わっても、その重要性が失われることはありません。

「**質問は学びの始まり**」です。

たくさん質問し、たくさん学び、問題を統合的にとらえることができれば、思考の筋道は明確になっていきます。こうして、論理的思考力は鍛えられていくのです。

情報不足のグラフでも「質問の7つ道具」でここまで掘り下げられる

質問の7つ道具	7つ道具を使った論点
比較	① 月単位での比較 →なぜ6月の収益は多かったのに、7月の収益は下がったのか? →直近の数か月の業績はどうだったか? ② 年単位での比較→昨年同月の業績はどうだったか? ③ 店ごとでの比較→他店の直近数か月の業績は、当店と同じか?
5W2H	① Why:なぜ7月は収益が330万円しかないのか?　直近3か月の業績目標はいくらか?　別の月の業績は同じだったか? ② What:7月にすでに業績の悪化を感じていたが、その時点で我々は何をすべきだったか?（以下、順に列挙）
もし～なら	① もし、あなたが店長の上司だったら、この表を見てどう感じるか? ② もし、あなたが一般の社員にこの表を見せたら、彼らはどう思うか?
可能性	① 7月の売上は330万円しかなく、8月は980万円まで伸びたが、この伸びは何か対策を講じた結果なのか?　それとも、何もしていないのに市場の変化によって8月の業績が向上したのか? ② 6月は売上が非常に高く、7月は低かったが、スタッフの緩みが原因である可能性はあるか?　それとも、買い控えが起こりがちな時期や市場のトレンドが影響している可能性はあるか?
想像力	① 今後数か月で売上を1000万円以上にするために、何ができるか想像できるか? ② もし今後の景気がよい場合、今のうちに新しい人材を数名採用するかどうかは、想像できるか?
～以外に	① 今は顧客訪問という方法を採っているが、それ以外に商品の販路を拡大する方法はあるか? ② 7月以外に、過去に業績が下がった月はいつか?
代替案	① あなたは業績低下の原因は2人の社員にあると考えているが、この2人を外す場合、どのような代替策があるか? ② 現行の製品を他の製品に切り替えた場合、業績はすぐに向上するか?

9

その評価は、本当に公平なのか?

評価にも、ちゃんと手順がある

ある銀行の地方支店で、資産運用部門に所属しているAさんがいます。

Aさんは、2020年の資産運用に関する手数料収入が、部門で設定した目標である「毎月100万元」に達していません。

上司の分析では、「今年の景気は悪いとはいわれるが、ほとんどの社員は上半期で目標をすでに達成できている。しかし、Aさんだけが達成できていない」のです。

さらに、「他の社員は、毎日夜8時まで働いているのに対して、Aさんは毎日6時に定時退社」「他の社員が毎日顧客に20回以上電話をかけているのに対して、

Aさんの発信回数は他の社員の半分だけ」と、パフォーマンスだけではなく、業務内容自体の物足りなさを示す情報も出てきました。

たしかに、2020年は新型コロナウイルスの影響がとくに甚大でした。なので、多くの資産運用担当者や銀行の投資部門の業績は芳しくありません。それでも、Aさんの働く会社では、多くの社員が高い成果を上げています。

こうした情報を得て黙っていられないのは、Aさんの上司です。「私は、Aさんの仕事ぶりも、すべて自分の目で確認してきました。さらに私は、定期ミーティングも、Aさんと行ってきたのです。それでも、Aさんの成果は期待に届きませんでした。これまでの経験から判断すれば、私はとっくに彼を解雇しなければならない。実際Aさんは、もう解雇される一歩手前のところまで来ています」。

Aさんの上司が、このように不満も漏らすのも理解できます。

この話を聞いて、どのように思いますか。

ほとんどの人は「業績のいい社員は、一生懸命努力している」と考えるでしょう。その一方で、「定時退社を繰り返し、顧客との関係づくりを熱心に行わないAさんは、きっとサボっているに違いない」と考えたかもしれません。

しかし、そんなに単純に片づけてしまっていいのでしょうか。

ここで、**評価の3ステップ「DAS（Description-Analysis-Stratification）」**を手がかりとしましょう。

この評価の3ステップ「DAS」とは、問題の説明・分析・層別分析の3つのステップを通じて、問題の原因を効果的に明らかにする手法を言います。

では、実際にこの手法を用いて、「Aさんがどのような状況に直面しているのか？」を一緒に確認していってみましょう。

① 問題の説明（Problem Description）

まず、どんな問題が起きているのかを説明できるようにします。

その際に用いるのは、「3W1H」です。「実際に、3W1Hがどんなものか？」は左ページにある図を参考にしてください。

この分析を行ったところ、Aさんの毎月の手数料収入は、平均50万元。部門の目標である100万元に届いておらず、7か月連続で目標未達成でした。

問題をとらえるための「3W1H」

3W1H		説明
What	どんな問題が発生したか?	Aさんの手数料収入が、部の目標の半分未満
When	この問題はいつ発生したか?	2020年1月から7か月連続で目標未達成
Who	誰がこの問題を発見したか?	Aさんの上司
How impact	この問題を解決しないと、どのような影響があるか?	このままだと解雇せざるをえない

② 問題の分析（Problem Analysis）

①で確認したように、Aさんの2020年1月から7月までの毎月の手数料収入は、平均50万元。

これでは目標の100万元の半分にしか達していません。

この問題において、次に確認すべきは「Aさんが過去数年間でどのような業績を挙げていたのか？」です。

そこで、過去のデータを振り返り、根拠をもって比較したうえで、**「なぜ、この問題が発生しているのか？」**を検討していくようにしましょう。

これらのデータを取り寄せて調べたところ、次のようなことが分かりました。

Aさんは、2018年末に採用された新人で、2019年の成績は素晴らしく、毎月の手数料収入も、部門の目標を達成していたようです。

つまり、2019年は目標を達成していたにもかかわらず、2020年1月から7月になって、Aさんは、急に目標未達となってしまったのです。

そこで今度は、Aさん個人に焦点を変えてみましょう。

ここから、「Aさんの**個人的な要因や家庭の事情**が、仕事の成果に影響していないか？」を慎重に検討してみるのです。

Aさんの上司に欠けていたのは、こうした視点でした。

③ 問題の層別分析（Problem Stratification）

さらに、目標を達成できている社員と、Aさんを比較してみましょう。

これがいわゆる「層別分析」と呼ばれるものです。

この具体的な手法については割愛しますが、次のページの図にあるように、6つの項目を分析した結果、Aの上司はハッと気づきました。

2020年の新型コロナウイルスの影響で、投資市場全体は悲惨な状況にありました。投資型の金融商品は大きな損失が出ていたため、Aさんの顧客である多くの個人投資家は、市場から撤退する傾向がありました。

問題点を把握するための「層別分析」

項目	Aさん	目標を達成している社員
1. 毎月の訪問アポ数	2人	5～6人
2. 毎日の電話発信件数	10件	20件
3. 扱っている金融商品	投資型商品90%	投資型商品30%、保険70%
4. 勤務時間	8時間（残業無し）	平均9～10時間
5. 顧客の資産	12億元	平均20億元
6. 顧客の類別	個人投資家	高資産の企業オーナー

このような状況を考慮すると、Aさんの成績不振は、すべてがAさん自身に問題があるのではありません。

コロナ禍による「市場要因」に引っ張られている可能性が非常に高いのです。

ここでは、Aさんの問題を、評価の3ステップ「DAS」を用いて明確にしました。

すると、「怠けているAさんを解雇したい」と考えていた上司は、自分が見落としていた点に気づくことができました。

さらに分析を進めていくと、業績の目標未達の原因は、Aさん個人に帰することはできず、むしろ、彼が担当している「投資型の金融商品」が、コロナ禍の影響を大きく受けていただけだったと判明しました。

一方、他の社員が主に担当していた商品は「保険」だったため、その影響が限定的だったのです。

このように、**過去の習慣や経験知は、「意思決定の穴」になりかねません。**

評価の3ステップ「DAS」を活用することができれば、問題を包括的に観察できるようになります。すると、これまで見えていなかった「問題の源泉」も見えてくるようになるのです。

10

昇進する人が持っている「5つの能力」

なぜ、あの人は出世できるのか？

台湾において「出世すると視野が広がり、人生というものの景色が変わってくる」と、よくいわれています。

この言葉にしたがえば、長年勤める職場において「昇進できるかどうか？」は、人生で大事なことの一つと言えるのかもしれません。

ただこの**「昇進できるかどうか？」は、自分の意志だけで決めることができません。**職場での業績は、他者によって評価されるものです。つまり、あなたの昇進の最終的な決定権は、上司や経営者にあります。

実力と業績は、昇進の可否を決める際には、最優先の条件となります。

そのため、「いかに会社に貢献するための努力をするか?」が、非常に重要になるのです。さらに付け加えておくと、あなたが行う努力を、他の人の目にしっかりと入れることも大切です。

ただ、職場で働いていれば、「自分よりも早く、同期が昇進する」という状況がやってくるでしょう。

こうした出来事が起こったときに、正直な話、同期の昇進を心から喜べず、内心では落ち込んでしまう人だっているはずです。

または、「自分の能力は決して劣っていないはずなのに、なんで自分の昇進だけ遅いんだろう?」と、自分自身に問題があるのではないかと悩んでしまう人もいるでしょう。

私がTSMCに入社したとき、同じくらいの時期に入社した人が数名いました。もちろん、彼らとはとても仲が良く、気の置けない同期でした。

ただ、その同期の内で何人かは、昇進のスピードが異常なほど早かったのです。この状況を見て、正直なところ、私は少し複雑な気持ちでした。

私は「自分の能力が、彼らに劣っている」とは思っていませんでした。それでも、昇進者のリストを何度見ても、私の名前はそこにありませんでした。

そのときの私の感情を正直に吐露すると、「悔しさ」や「不満」ばかりでした。

いくら口では「気にしていないよ」と言ったところで、それは、本当の気持ちを誤魔化した後付けの感情に過ぎませんでした。

ただこうしたことがあっても、私は「一刻も早く退職しよう」と思うことはありませんでした。

というのも、**出世は「競争ではない」**からです。

つまり、自分は、昇進した同期たちに負けたわけではないのです。

まず、私が自分自身に言い聞かせたのは「いったん自分の感情と距離を置いてみよう」ということです。

そして、「不安定な感情に囚われてはいけない」と自分を律しようとしました。

その際に分かったのは、**「まずは、自分自身の状況を整えること」が一番大切**だということです。そのうえで、「自分には、何が足りないのか？」を冷静に見つめ直してみました。

昇進できなかったのには、きっと理由があるのです。

言い換えれば、私には、やはりまだ何かが足りなかったのでしょう。

あるいは、私には「まだ成長の余地がある」と上司が感じてくれており、今は、

「私の能力をもっと伸ばすための時期である」と判断したのかもしれません。

また、自分を見つめ直すこともちろん重要でしたが、他の人をしっかり観察したうえで、その人の良いところを学びつつ、自分の努力をはっきりと示すことも大切です。

その過程で、私は、**優秀な人には共通して、「5つの能力」が備わっていると**気づきました。

ここでは、その5つの能力を整理してみました。

① 専門性がある

上司から信頼を得るためには、特定の分野に精通し、高い専門性を持っていることが不可欠です。とくに、大企業ともなると、何かしらの専門的な能力が秀でていることが、非常に大きな意味を持つでしょう。

② 勤務態度が良く、仕事のやり方がうまい

問題が起こったときには、それに対して、あなたが「どのように取り組み、いかにして解決に導くのか？」を、上司は常に観察しています。

また、同じような問題が再発した場合には、「より効率的で先を見通した方法が考えられているかどうか？」についても、しっかりと見ています。つまり、上司が注目しているのは、結果だけではありません。

ここで大事なのは、過程全体なのです。

③ 努力できる

優秀な人たちは、日々、想像以上の努力をしています。

超高学歴の人が、誰よりも早く出勤し、遅くまで働き、休日さえも仕事に当てることだってあり得ます。もちろん「ただやみくもに仕事をすればいい」というわけではありません。

しかし、その他の優秀さを示す条件がそろっている人でさえも、これだけの努力をしているのです。そうであれば、「偶然の幸運」に期待しているだけではダメなのです。

④ **人間関係を良好に築くことができる**

仕事のやり方はもちろん重要です。

しかし、**人との接し方もそれ以上に大切**です。

どんなに仕事ができても人間関係を良好に築けなければ、もし昇進できても、部下からの信頼を得ることはできないでしょう。

⑤ **印象がよい**

上司によい印象を残すことができれば、それは、昇進の際に大いに役立ちます。

たとえば、忘年会の司会を務めたり、大規模なプロジェクトに自ら進んで参加できたりするなど、他の人が嫌がることを引き受けられる人は、多くの人にとって、非常に印象がよい人となるでしょう。

短い言葉で言い換えるなら、**昇進とは、これらの「5つの能力」が、相互に影響し合うことで、自然と実現していくもの**なのです。

専門性に優れていて、仕事に対して前向きで効率的に仕事をこなし、人一倍の努力をして、人間関係も良好で、ときには適度なお世辞も使える。

これはまさしく、仕事をしていくうえで、重要な能力を兼ね備えている人といえるでしょう。

ここで、ＴＳＭＣでの同僚の例を挙げます。

彼は、短期間で管理職に昇進できました。彼の専門能力と仕事の進め方は申し分ありません。

さらに言うと、**人間関係の構築も非常に上手でした**。そのうえ、他部署の上司をサポートして、プロジェクトを完遂し、他の人がやりたがらない仕事も自ら引き受けていました。

また、プロジェクトを担当した際にも、上層部がとくに気にかけている案件を選んだことで、上層部に進捗を報告する機会を定期的に得ていました。

このように言葉にしてみると、彼が短期間で管理職に昇進できたのもうなずけます。

あなたが出世するために

逆に、**あなたが今、満足に昇進できていないのであれば、ここで必要になるのが「6つの観点」です。**このポイントを通じて、自分の能力を総合的に見直してみましょう。

こうすることで、会社の要望に応じつつ、自分自身を最良の状態に整えていけるでしょう。

① 会社の組織文化を分析する

他の人が昇進できたのに、あなたができなかった場合、まずは冷静に、企業文化を考えてみましょう。

そして、先ほど私が述べた、優秀な人が持つ「5つの能力」をさらに踏み込んで分析します。

自分の会社では「どの項目が優れている人が、目に留まりやすいのか?」とか

「自分の努力が、自社の文化に合っているかどうか？」をよく考えてみてください。

仮に、あなたの職場では「専門性」や「仕事の進め方」を重視しておらず、「人間関係」や「上司のご機嫌取り」が重要とされている環境だとしましょう。

それならば、あなたが「その職場になじむことができるか？」と考えてみるべきです。「自分の価値観が、自社の文化と合わない」と考えるならば、いつまでもそこにとどまるべきではないのかもしれません。

一方で、「自社の文化が自分に合っている」なら、自分をさらに環境に合わせていってもよいでしょう。

187ページで言ったように、不安定な感情に囚われないことは、非常に大切なことです。しかしながら、自分に足りない能力を見極めて強化していくのは、それ以上に必要です。

会社の組織は、「ピラミッド型」なので、**昇進できるのは、一握りの人だけ**なのです。逆に、今は昇進が叶わなかったとしても、将来的なチャンスが失われたわけではないのです。

②　昇進者の「長所」と「短所」を分析する

話を少し前に戻しましょう。

昇進の機会を得た人は、何かしらの優れた点があります。

前述の「5つの能力」をもとに、「なぜ、その人が昇進したのか？」という理由を分析してみましょう。

たとえば、ある人は「専門能力が高い」と分かります。またある人は「会社の複雑な課題を解決し、難しいプロジェクトを完遂する力がある」と理解できます。あるいは、別の人は、「上司との関係を築くのが上手い」という特徴があります。

このようにして、他者の優れた点を見つけ出すことで、翻って「あなたが、何を改善していけばよいのか？」という方向性も明確になってきます。

こうして冷静な分析ができれば、会社の昇進の基準を探り出すことができます。

さらに、心持ちも早く整えることができるのです。

③　昇進の本質に立ち返る

今まで紹介したように、しっかりとした分析をしておくことは大切です。

しかしより重要なのは、そもそもの本質に立ち返って「本当に昇進したいのか？」と自問自答してみることです。

昇進と聞くと、「権限が増える」とか「給料が上がる」といったプラスの面にフォーカスが当たりがちです。しかし「昇進する」とは、責任が増すことでもあります。

「昇進したい」「もっと権限を持ちたい」と思う人がいる一方で、仕事をするうえで「あまり責任を負いたくない」という人も存在しています。

本当に昇進したいのであれば、**「自分が責任を引き受ける覚悟があるかどうか？」**を、まずは考えてみてください。

そして、自社が持つ文化を冷静に分析し、仕事に対して前向きに取り組むことで、自分が欲しているものに、正直に向き合っていきましょう。

④ 実力を蓄えて機会を待つ

職場には、いろいろな人がいます。

目立つ仕事で活躍をして、脚光を浴びることを好む人もいます。

その一方で、ひたむきに、自分の仕事に取り組んでいる人も存在しています。

たとえば、エンジニアの中に多いのは、後者のような「縁の下の力持ち」タイプの人です。

彼らにヒアリングしてみると、「とにかく真面目に仕事をこなし、与えられた任務をしっかりと遂行していれば、いつか必ず昇進の機会が巡ってくる」と考えていることが多いようです。

人の性格は「社会人として働き始める前に、すでに定まっている」といいます。

だから、仕事をし始めたからといって、劇的に変わることはありません。

例に挙げたエンジニアの「控えめな性格」というのは、別の視点を持ってみれば「着実に前進しよう」としている素晴らしい姿勢ととらえられます。

もしも、あなたが少し控えめな性格なら、まずは「ひたむきに継続して己を磨くこと」を続けてください。

そのうえで、専門性を高め、仕事の進め方を効率化し、一生懸命働いていることを、しっかりと他人の目に届けるようにしてみましょう。

⑤　部署内の昇進枠を考える

会社のポストには限りがあります。

それと同様に、各部署の昇進枠にも、もちろん制限があるのです。

もしも、あなたが「昇進したい」という気持ちを強く持つのであれば、まずはなにより、「自分の部署の昇進枠がすでに埋まっているか？」を確認しておくようにしましょう。

その枠がすでにいっぱいならば、受け身になって昇進の機会を待っても、意味がありません。

もしもあなたが「昇進」をなにより重視するのなら、「昇進枠が余っている社内の別部署に異動できないか？」と相談するのもよいかもしれません。

あなたがその部署の専門性に秀でていれば、昇進の道がより開けている部署に異動するのです。

⑥ 明確な目標を立てる

多くの人は、自分の同期が昇進していくと「なぜ、自分ではないのか?」と不満を抱きます。

しかし、ただ不満を抱くだけでは、何の役にも立ちません。

ここで本当に重要なのは、冷静に「なぜ、そうなったか?」というロジックを分析して、そして自分で目標を再度設定しなおすことです。

目標があってこそ、努力するための行動力が生まれます。

加えて、目標設定は「管理職になりたい」という曖昧なものにしないようにしましょう。そうではなくて、**具体的な期限とともに、「いつまでに必ず達成する」と自分と強く約束してみましょう。**

私自身も、先ほど紹介した「6つの観点」を用いて、同期が昇進したあとに、「数年以内に管理職に昇進する」と目標を決めました。

結果的に、こうした明確な目標があったことで、「努力の方向」と「モチベーション」を維持することにつながりました。

こうしたマインドセットもあって、目標を達成することができたのです。

11

評価制度を「モチベーションの源」とする

業績評価制度は意図が見えないと、意味がない

ある会社の人事部長が、私に意見を求めてきました。「業績評価を行いたいが、会社の評価制度がシンプルすぎて、どこから手をつければいいのか分からない」と。

私がその会社の業績評価指標を確認したところ、評価は形式的なもので、「意図がよく見えない」もののように思えました。

中身は、今年行った業務を羅列するだけのシンプルなもので、それをもとにした個別面談は行われていないどころか、受け取った評価に関しての検討会もありません。

さらに悪いことに、その評価指標は、ただそのまま各部門の上司に手渡されていただけだったのです。

この話を聞いて思い出したのは、TSMCの元会長であるモリス・チャン（張忠謀）からかつて受け取ったこの言葉でした。

「多くの人は、パフォーマンス・マネジメント・ディベロップメント（PMD：Performance and Management Development）の目的を『業績評価』に置いてしまいがちです。しかし、本来、PMDの本質とは、人材育成（Development）にあるべきです。

しかも、多くの人が見落としているのは、それが部下の成長（Development）だけではなく、上司の成長も含んでいるという点です。

部下の成果を評価したうえで、長所と短所を伝えることは、単に部下を育てるだけにとどまりません。むしろ、自分自身を鍛え、『人材を育成する能力』を高めることにつながるのです。

これを行うことが、管理職としての最も重要な責務なのです」。

モリス・チャン氏のこの言葉の通り、私のＴＳＭＣでの経験やコンサル経験から言えば、**良い業績評価制度は、社員自身が見落としていた潜在能力を見つけるきっかけを与えてくれます。**

さらには、同僚の長所を学ぶこともできるので、社員が継続的に自己研鑽するためにもよい機会となります。

評価会議を通じて、社員を個別にベンチマークする

あなたの部署の人数が６人だとするならば、評価期間に行った日常業務やプロジェクトについて、業績評価会議で各人がプレゼンするのが良いでしょう。

その際に、**プレゼン資料のフォーマットは統一しておきます。**こうすることで、資料の良し悪しではなく、各人がしっかりと自分の業務の価値を際立たせることができるからです。

自分と他の社員の違いをアピールしていくこの業務評価プレゼンは、非常に有益です。というのも、メンバー全員に自分の強みや業務内容を認知してもらう機会になるからです。

業績評価会議では、各社員は約10分間のプレゼンを行います。

そして、まずは、出席している上司や同僚に、自分が行っている業務内容を理解してもらいます。その年に取り組んだ業務内容を、簡潔かつ明瞭に伝えるようにしましょう。

さらに、発表後には、よくわからなかった点について、出席者から質問が出ることもあります。そうした質問にも、丁寧に答えるようにしましょう。

これをくり返して、全員の発表が終わったら、出席者は相互に評価を行います。まずは、チームの6人の中で「最もよかった人」「最もよくなかった人」を選び、残り4人は、標準的な評価とします。この相互に評価する時間の目安としては10分間くらいでいいでしょう。

相互に評価することで、それぞれのメンバーが他の業務も理解しておく必要があるため、これ自体も大切な学びの機会となります。

「負けず嫌い」な気持ちを、モチベーションに転化させる

昔、Pさんという方から、あるエピソードを伺ったことがあります。

Pさんがある会社に転職して1年目のときに、評価してもらえるような目立った成果がなかったそうです。

しかし、業績評価会議に参加したことで、同僚たちが、数多くの業務やプロジェクトの実績を発表するのを見ることができました。

ここで奮起したPさんは、「翌年こそは誰よりも多く、そして何よりも重要なプロジェクトに取り組もう」と決意を固めました。この経験は、Pさんにとって、非常に前向きな励みとなったと言います。

この「負けず嫌いの精神」があったことで、翌年、Pさんの業務は非常に効率的になり、プロジェクトの実績も飛躍的に伸びました。こうして評価会議が、自分の能力を高めるきっかけを与えてくれたのです。

このエピソードが示しているように、業績評価会議は、社員への業務に対するポジティブな動機づけの効果も持っています。

加えて、同僚同士で相互に評価する必要があるため、日頃からほかの同僚のことを気にかけ、互いのプロジェクトに関心を持つようになります。同僚を手本とするのは良いベンチマークの方法です。

台湾には、「**与強者為伍**《よきょうしゃいご》」という言葉があります。これが意味しているのは

「自分より優れている人と付き合って自分を高める」。これは今の時代にも当てはまる内容です。

業績評価会議のプレゼンでは、何を取り上げるべきか

ここまで読んできた人の中には、「業績評価会議のプレゼンには、どのような内容を盛り込めばよいか？」という疑問を持った人もいるかもしれません。

この業績評価の主な内容は、「成果を管理すること」と「発展の方向性を確認すること」です。それを落とし込んだ次の5つの項目を、見失わないようにしましょう。

① コア・バリュー評価表
② 年度の主要成果
③ 自分の強みと潜在能力、他者からの評価
④ 改善が必要なスキルと改善計画の提示
⑤ 次年度の具体的な目標と主な成果

コア・バリュー評価表

コア・バリューの内容	自己評価（1〜10点）	具体的な出来事の説明（ポイント説明）
1. 正直・誠実	9	
2. 顧客志向	9	
3. 革新	8	
4. 約束を果たす決意と能力	9	
5. 積極性と責任感	9	

①については、上の表で示したコア・バリュー評価表には、5つの項目が記載されています。もちろん、コア・バリューの内容は、各社の企業文化に応じて柔軟に調整してしまってかまいません。

自己評価は、1〜10点までで自己採点できるようにして、その点数が高いほど、日常業務でコア・バリューを強く実現していることを示すようにします。

逆に、点数が低い場合には、あまり実現していないことを意味しています。

また、それぞれのコア・バリューを採点する際には、その根拠となるような具体的なエピソードを1〜2つは盛り込むようにしましょう。

具体的な業務内容を明示することができれば、

評価の根拠はより明確になります。

「業績評価」の5項目は、「自分の強みが何であるか」をしっかりと理解し、その強みを活かしつつ、次年度のプロジェクトを成功に向けて動かすためのものです。

また、足りないスキルが明らかになった場合には、個人のアクションプランをしっかりと策定しなおす参考にしましょう。

こうした業務評価制度が会社の中で根付けば、会社全体にも非常にポジティブな効果をもたらしてくれるでしょう。

職場の誰もが、これらの評価指標を通じて、成果を向上させることができるはずです。自分を見つめ直し、同僚や上司との対話を通じて、自分の仕事に潜む穴を見つけ出しましょう。

また、その中ではロールモデルとなる人を見つけ出し、その人との討論を重ねて自身の強みや潜在能力を見出し、さらなる自己研鑽に励めると最高です。

補論

まだ若いあなたに向けて

1

自分に適した仕事かを見極める5つの基準

あなたにとっての「良い仕事」とは何か？

「どのような仕事が良い仕事なのか？」と問いかけられた際、多くの人は、自分なりの定義を持っているのではないでしょうか。

私はこの問いに対して、いたってシンプルな回答を持っています。それは「**その仕事が、自分に合っているかどうか？**」です。

ある方が、キャリアに関する相談のメールをくれました。

その方は大学卒業後、ノートパソコン業界でプロジェクトマネージャーを務めていました。しかし、その役職に就任してから5年経ったころ、「自分には、この仕事が合っていないのではないか？」と感じ始めたと言います。

プロジェクトマネージャーという立場上、意思疎通がうまくいかないメンバーとも仕事をしなければならなかったり、チームリーダーとして多くの困難にも直面しなければならなかったりということはよくあります。

そして、ときにはメンバーに協力を拒まれたり、もっとひどい場合には、感情的に怒りをぶつけられたりすることもあったと言います。

多くの人たちは、自身の学歴やスキルをもとにして職業を選択します。しかし、社会の荒波に揉まれていくうちに、私に相談のメールをくれた人と同様に「自分は、本当にこの仕事に向いているのだろうか？」と自問する瞬間は必ず訪れるものです。

そのように思い始めた方々に向けて、ここでは、あなたの仕事の適性を見極めるための４つの方法を紹介していきます。

①　毎月のうち30％以上の日数を、楽しい気持ちで出勤できているか？

まずは、日々の気持ちの変化を感じてみるのがいいでしょう。

あなたは、朝起きたときに「仕事に行くのが楽しみだ」あるいは、仕事の内容を頭の中で考えて「今日は何が学べるだろう」とプラスに考えているでしょうか。

もしも、あなたが毎月のうち30％以上の日数（毎月の出勤日数が22日だとするなら7日以上）を、このような気持ちで過ごせているなら、素晴らしい状態です。

私はTSMCまで車で通勤していました。

そしてその間ずっと、「今日は、どの仕事から片付けていくか？」「どんな会議があるか？」「資料は準備できているか？」「上司はどんな質問をしてくるか？」「プロジェクトの進捗は順調か？」といったことを、楽しみながら考えることができていたものです。

そして、こうして考えを巡らせるたびに、新しい知識を学べることにワクワクしていました。あなたもこのような心持ちでいられるなら、それはきっと、仕事を楽しんでいる証拠です。

さらに**もう一歩踏み込んで、「仕事に対して、積極的な態度で臨んでいるか？」を確認する必要があります。**

問題が発生したときに、あなたは自ら進んで対応しているでしょうか。仕事に関連する知識を積極的に吸収しているでしょうか。それとも、誰かに指示されなければ行動を起こさない受け身の態度でしょうか。

仕事の責任とは、問題を解決し、上司や部署の目標を達成することです。もちろん、退勤後は仕事のことを考えず、出勤しているときだけ対策を考えるというのも、間違いではありません。それは、単に仕事と生活を明確に切り離しているだけですから、批判される筋合いもありません。

しかし、良い悪いはいったん横に置いておいて、その心持ちということは、あなたが今の仕事に対して、それほど熱意を持っていない可能性があります。そのことは冷静に把握しておきましょう。

② 仕事内容の50％以上に飽きていなければ、情熱がある証拠

仕事は、「好き」と「嫌い」の二択だけで判断すべきではありません。

たとえるなら、すごく楽しい遊園地に行ったときでも、遊びたいアトラクションもあれば、興味のないアトラクションもあります。これと同じで、どれだけ好きな仕事でも、やりたくない業務は必ずあるものです。そして、その逆もまた然りです。

おおざっぱな好き嫌いで仕事に向いているかを判断しないために、業務を細かく分解してみましょう。

まず、**毎日の業務を小項目に分けてみます。それらを「好き」「嫌い」「何も感じない」で評価していってみてください。**そして、最終的に全項目のうち半分以上が「好き」であれば、その仕事に対して、まだまだ熱意があると考えられます。

たとえば、会社のウェブサイトのトラフィックを増やす仕事をしている人を挙げましょう。

かなり粗い整理ではありますが、この仕事は、会社のマーケティング費用を節約するために、キーワード検索を活用して、顧客がウェブ検索で簡単に会社のサイトを見つけられるようにし、サイトの訪問者を増やして案件獲得を増やすことが求められます。

この仕事を細分化すると、次のような3つの項目に分解できます。

① 会社サイトのキーワードを定義する（33％）
② 会社サイトの中身を修正する（33％）
③ 毎日、サイトのトラフィックを監視する（33％）

この3項目のうち、2項目以上が苦にならないのであれば（66％）、あなたは、その仕事に情熱を持っていると考えられます。

逆に、別の例として、あるテレビ局の経済記者の場合を挙げてみましょう。記者の一日を簡単に説明すると、次のようになります。

①　上司に指定されたニュースを取材するため、悪天候でも現場に出向き、テレビ局に戻ってニュース素材を作る
②　上司のチェックを待ちながら、編集部からニュース素材の催促を受ける
③　業界の動向を追跡し、市場情報を収集し、経済知識を充実させる

この記者は、上司からの仕事の指示に不満を抱え、生活のために我慢して働いているようです。編集部から受ける厳しい言葉での催促には、とくに不満を抱いているようです。

この人が、仕事を続ける唯一の理由は、業界情報を得られることで、経済知識が身につくためのようです。

彼は、仕事の内容を半分以上好んでいないため、「今日一日だけの務めを果たす」という感覚で働いており、仕事への情熱はあまり感じとることができません。

ぜひ、あなたの業務も細分化してみて、どの業務が好きか嫌いかを判断して、その仕事に対する情熱があるかどうかをはっきりさせてみましょう。

③ プライベートの時間に、仕事のことを人に話したくなるか？

仕事の休憩時間や勤務後に、仕事について話したくなる人は、今の仕事が嫌いではないでしょう。

たとえば、ITエンジニアの仕事をしている人の中にも、自分の仕事を「うーん、プログラムを書いているだけかな……」と言う人もいれば、仕事について語るときには、目を輝かせて延々と話している人もいます。

後者は、プライベートな場でも仕事の経験を話すことに積極的です。もちろん時には愚痴が混ざることもありますが、それでも、仕事に対して充実感を得ているのでしょう。

もちろん話している内容がただの愚痴だったり、同僚や上司への不満や、仕事そのものに対する不平ばかりだったりするのであれば、話は変わってきます。

私がＴＳＭＣで社内研修講師を務めていた時期には、ほぼ数日おきに各部署で「問題分析」「意思決定」に関する研修を行ったり、継続改善活動のコンサルタントや審査員として関わったりしていました。

その時期は毎日が本当に楽しく、**友人に会うたびに、仕事の話をしたくなるほど充実していた**のです。

もちろん、それは自慢したくて話しているのではなく、「仕事で得た達成感や満足感を共有したい」という純粋な気持ちからくるものでした。

④ 明確かつ長期的な目標を見据える

キャリアを長期的な視点で見据えてみましょう。

そうなると、仕事に対する好き嫌いは問題となりません。あなたの真の目標は未来にあり、現在は学んでいる段階に過ぎないからです。

たとえば、私がＴＳＭＣに入ったときの目標は、企業コンサルタントの講師になることでした。

企業コンサルタントとして働くには、5つの管理（生産、販売、人事、開発、財務）の経験が必要でしたが、私だって、すべてに興味があったわけではありません。

たとえば、私は生産管理部門の仕事は好きではありませんでしたが、その部門での経験がなければ、企業の支援を行う際の経験や背景知識が不足してしまいます。

このように考えたことで、当時はあまり好きではありませんでしたが、その仕事をしっかりと続けるように頑張れました。**このように頑張れたのも、自分の長期目標にプラスになることを理解できていた**からです。

多くの人は自分の長期的なキャリア目標を明確にせず、短期的なタスクをこなすことだけに集中しすぎています。

もちろん、キャリア選択には、絶対的な正解や間違いはありません。ただし、忘れてはならないのは「チャンスは準備した心に訪れる」ということです。

長期的な視点で見れば、短期的な仕事で重要になるのは、「仕事が自分に合うかどうか？」ではなく、「未来のための経験や知識を積み上げることができているかどうか？」なのです。

今の仕事に迷いを感じたら、ぜひ、この4つの判断基準を使って自分を見直してみてください。

このように判断することができれば、この仕事に対する理解が深まることでしょう。

自分が好きな仕事を見つけ、目標を持ち、己を律して学ぶことは、必ずあなたのキャリアにとってプラスになるはずです。

2

挑戦を受け入れ、変化を恐れない

ルーティンワークをワクワクしたものに変える

「このままずっと働き続けて、この先に何があるのだろうか？」

社会人として働くと、毎日が同じことの繰り返しで、ときにはうんざりしたり飽きてしまったりすることもあるでしょう。

私がＴＳＭＣで働いていたころ、上司からよく言われていたのは、「**プロジェクト改善は業務として毎年行う必要がある。それができれば、社員の想像力を刺激し続けることができるからだ**」という言葉です。

上司がこのような考えを持っていたので、私たちは、いつもチャレンジする勇気を得ることができました。

年末には必ず、その上司は、業績評価の際に「あなたの仕事に関して、来年どのような改善や刷新ができるか？」と質問してきました。そして、この内容は、毎年の査定に反映されます。

その後、私は企業コンサルタントになりました。その経験の中では、クライアントは、日々の成果を主軸に評価を行っていることがよくあります。

しかし、私はそれでは不十分だと思っています。そこで、日々の成果を50％、プロジェクトの成果を50％に調整する、という評価方法を提案しました。

このように、**毎年自分の仕事を改善し続けることが重要**なのです。それでこそ、より良い業績評価を得ることが可能になるのです。

改善点が見つからないときは、他者の視点を借りる

もしかすると「改善が一定の程度に達したら、もうそれ以上、改善することはないのでは？」と思う方もいるかもしれません。

たしかに、実際に、そのような場合もあります。

なので、その状態まで達したときには、他の部門の社員に「問題を見つけても

らう」というのもいいでしょう。

そのためにも、提案などのコミュニケーションが生まれやすい環境を整えるべきです。

私は以前、クライアントに提案制度を導入するサポートをしました。この提案制度は、「**構想提案**」と「**行動提案**」の2つからなります。

構想提案とは、良いアイデアを共有し、他の人に実行してもらうことです。

一方、行動提案は、自分が考えたアイデアに基づいて、他の人に具体的な行動を提案することです。

社内の委員会は、毎年、各部門の提案件数を設定し、社員のアイデアに対するコンペや優れた提案の共有を行い、他の社員が指標や目標にしやすいようにしています。

このような制度は部門間の Win-win な関係の構築を促し、社員の想像力を刺激します。

多くの企業文化は、実は意図を持って構築されています。

その結果、みんなが恩恵を受けることができるのです。持続的改善の文化は、多くの要素から成り立っています。そのすべてに取り組むのではなく、少なくとも「プロジェクト改善を業績に組み込むこと」と「提案制度」を実施することは非常に良い方法です。

一般の社員の方にも、将来管理職になりたい方にもおすすめしたいのは、毎日自分に「仕事にはどのような改善が必要か？」と問いかけることです。

そうすることで、現在の職場の姿も実際に修正の上に成り立っていることがわかり、進歩し続けることによってのみ退歩しないでいられるということが理解できるでしょう。

おわりに――TSMCで、私が本当に学んだこと

TSMCの10年間は何をもたらしたのか？

新しい環境で働き始めた人が、あまりの辛さやストレスに耐えかねて、短期間で離職するということを、最近ではよく耳にします。

最後に、私がTSMCで10年間、働き続けることができたその秘訣をお伝えしましょう。

私は、TSMCに入社した当初、生産の統制と管理を担当していました。入社して最初の1週間は、上司から「まだ仕事はしなくてもいい」と言われました。

しかし、私は毎日、業務書類やスライド資料、SOP（Standard Operating Procedure：作業手順書）などに目を通し、内容を学ぶ必要がありました。それに加えて、学習リストに掲載されているすべての文書も順番に読み終える必要もありました。

当時のＴＳＭＣでは、新人が会社に入ると、必ず先輩社員が１人ついてくれて、生活や仕事の相談にも乗ってくれました。

また、業務に慣れるためのトレーニングも行われました。先輩は仕事の合間を利用して、私に多くのことを教えてくれました。そのおかげで、私は仕事のペースには適応できたことを覚えています。

入社してから2か月が経ったころ、私は、仕事にも徐々に慣れてきました。それと同時に、辛い日々も始まってきたのです。

まず、連続で15時間以上働くのが、日常茶飯事となりました。毎日7時ごろに出社し、22時まで残業することが普通になってしまいました。

それからは、「仕事、仕事……」となってしまい、疲れたら寝て、起きたらまた仕事をするのが日常となっていました。正直なところ、しばらくの間は、太陽を見ることもほとんどなく、月と星に見守られながら帰宅する日々が続いていました。

ある朝、6時半に車を運転して会社に到着し、駐車場をぐるぐる回っていると、突然「仕事を辞めよう」という考えが頭に浮かびました。ＴＳＭＣに入って2か月、私には、仕事以外の何もありませんでした。そして、これは私が望んでいる生活ではありません。

TSMCでの仕事は、長時間労働だけではなく、プレッシャーも非常に大きいものです。会社の中は戦場のように思えて、何か問題が起これば、すぐに対処しなければなりませんでした。

しかも、自分では「満点の仕事」だと思っていたことが、上司の中では「50点以下の仕事」に過ぎないこともありました。

なぜ、このような認識のズレが生じるのか、と考えたことがあります。その理由を考えると、上司は会社内のレベルの高い作業に慣れている一方で、社員は**上司が求めている基準や、上司が重視しているポイントを把握していないこと**にあると理解できました。

当時の私のような下っ端の社員は、問題を一点で捉え、そこを解決すればすべてが解決すると思いがちです。しかし、TSMCの上司は、その一点から多くの線を見出し、全体を把握しようとしています。

当時の私には、まだそのような問題解決の思考がありませんでした。と同時に、上司を見ることで、私にはまだまだ成長の余地があることにも気づきました。

このように気づけたことで、数日間心に浮かんでいた離職の考えが、ふっと消えていきました。

そのときに大切だったのは、**身近な人の励まし**です。「もしもこの苦労を克服できなかったら、将来、もっと大変なことが起きたときに克服できないでしょ。でも、もしもこの困難を乗り越えられたなら、今後どんなことがあっても負けることはないはず。多くの人がこの会社に入りたいと思っている中、あなたはここに入れた。そんなあなたが諦めてしまってはだめよ」と。

この言葉は、私に絶大な力を与えてくれました。

そして、私は自分自身に言い聞かせました。「少なくとも、ここで生き残らなければならない。私はＴＳＭＣの社員に自分の力を証明したい」。

この負けん気と「生き残りたい」という決意は、私が起業をする際にも自分に大きな影響を与えました。

仕事に不可欠なのは、「勇気」と「決意」

また、実際に入社してみないと、ＴＳＭＣに集結しているエリートの多さを想像することは難しいかもしれません。

私が働いていたころの同僚たちは、国立台湾大学や国立清華大学、国立交通大学という台湾の名門校の出身者ばかりでした。もちろん、アメリカの名門校出身者も少なくありません。

また、基本的にみんな修士号を取得しており、博士号を持つ人も少なくありませんでした。

高学歴のエリートたちと共に働く中で、私は非常に自信を失っていました。名門校出身ではない自分は劣っていると感じざるを得ませんでした。

TSMCでは、同僚同士の競争も激しく、それも想像以上のストレスとなりました。

しかし、学歴などの過去は変えられないものです。だったら、生き残るためには、**自分の考えを変えなければなりません**でした。

そしていろいろと考えた末に、私は「自分は他の人よりも劣っていないはずだ」と考え方を変えることにしました。そうでなければ、私はTSMCに入社することができなかったはずと自分に言い聞かせました。

だからこそ、私は他人の学歴に目を向けるのではなくて、「それはそれ」といったん過去のものとして、再出発することにしました。

このように考え方が変わってからは、仕事に対する自信が少しずつ戻ってきて、目標もしっかりと見定められるようになってきました。

そして次第に、**優秀な同僚に対しても、「学ぶべき対象」としてフラットな視点で見られる**ようになり、彼らから学ぶ機会があることを幸運だと思えるようになりました。私にも強くなれるチャンスがあると気づけたのです。

そして、TSMCでしばらく働いてみると、「会社で生き残るためには、仕事の成績が悪い状態ではいけない」ということを、身体的な感覚で理解できました。

幸いなことに、私は、自分の強みと弱みをしっかり把握できていました。そのため、強みを強化し、仕事の合間に弱みを補強することに努めました。

その結果、TSMC入社から2年後、部門のプロジェクトコンペで3位を獲得することができ、当時の私にとって、非常に大きな励みになったことを覚えています。

つまり、私が言いたいのは、なによりも重要なのは「心の持ち方」だということです。激しい競争や仕事のプレッシャーは、自分一人の力で変えられるものではありません。

しかし、同じ仕事に対して心持ちを正しくすれば、多くの問題が問題ではなくなります。どんなに難しいプロジェクトでも、成功の機会が得られるのです。

本書でお伝えしたかったのは、私が「**TSMCでの挫折を経験した後にいかに立ち直り、自分自身を奮い立たせる勇気と決意が芽生えたのか**」の心の旅路でもありました。

「挫折」は、TSMCで働いて、自分の価値を見失ったことで経験しました。そして、その後の「転換」は、過去に目を向けず、自分自身を再スタートさせたこと。「勇気」は身近な人からの励まし、そして「決意」は、目標を設定したことから芽生えました。これより先は、勇敢に前進し、努力を続けるだけです。

辞めようと思ったときに、辛抱してTSMCで生き残ったことで、私は10年もTSMCにいることができました。

もしも、入社から1年も経たずに辞めていたら、今の私の姿を思い描くことはできません。そして、私はこう信じています。「あの輝かしい人生のひとときがあったからこそ、私はより強くなれた」と。

そして、当時出会った上司や今に至る道中で支えてくれた恩人や友人に心から感謝しています。

私が、ビジネス人生を通じて学んだスキルは、私にとって計り知れない価値があります。本書を通じて、私が学んだ仕事の基本を、みなさんに共有できることを非常に嬉しく思っています。

そして、みなさんがそこから養分を得て、効率の良い働き方を身につけ、良い人生を送ることを期待しています。

私は、着実に一歩一歩進む限り、すべての努力が人生に痕跡を残すと信じています。

著者＝彭建文（ほう・けんぶん）

元TSMC(Taiwan Semiconductor Manufacturing Company, Ltd)業務改善部門マネージャー及び社内研修講師。台湾の世界的半導体メーカーTSMC在籍時に継続的改善活動のアドバイザーを務め、「特別技術者賞」「エクセレントティーチャー賞」を受賞。現在は、品碩創新(Pinshuo Innovation)コンサルティングCEO、台湾継続的改善コンテストの審査委員、清華大学工業工学博士候補者、国際PJ 法(Problem & Judgement)の提唱者。TSMC 出身者を主とした講師陣と共に、企業の問題分析・解決に必要な人材育成、イノベーション文化・改善文化の醸成、組織変革の推進を支援している。また、台湾のビジネス誌「商業周刊」のコラムニストとしても活躍中。コンサルティングの豊富な経験をもとに、仕事術に関する思考法を執筆。単独記事のPV 数は20万超。著書には、問題分析と意思決定の専門書『彭建文PJ 法』、本翻訳の原著である商業周刊出版の『思考的良率』など。『思考的良率』は、2021～2022年の2年連続で、台湾最大手オンライン書店「博客來」の年間ビジネス書トップ100にも選出された。

・メールアドレス　merlion@pinshuoi.com

・ウェブサイト　https://pinshuoi.com/

訳者＝山口広輝（やまぐち・ひろき）

神奈川県三浦市出身。東日本大震災の時に、宮城県で被災したことをきっかけに台湾へ移住。台湾師範大学英語学部修士課程修了。廣輝國際管理顧問有限公司(ヒロキインターナショナル)CEO。現在は、日台青少年の教育旅行企画、通訳・翻訳(日中英)、企業研修、講演、ナレーター、台湾地方創生事業など幅広く活動。通訳は、商談通訳・講演通訳・首長の通訳など多数。翻訳物に『時の遺産』(国立歴史博物館)、『プラントハンターのノート』(TAICCA)など。著書に『一定會考的JLPT日検N1選擇題1000』(我識出版社)など多数。

小《ちい》さなヒントからニーズをつかみ最《さい》大《だい》利《り》益《えき》を得《え》る
TSMCから学《まな》んだ　超《ちょう》・効《こう》率《りつ》仕《し》事《ごと》術《じゅつ》

2025年4月30日　第1刷発行

著　者　彭建文
訳　者　山口広輝
発行者　宇都宮健太朗
発行所　朝日新聞出版
〒104-8011　東京都中央区築地5-3-2
電話　03-5541-8814（編集）03-5540-7793（販売）
印刷所　株式会社ＤＮＰ出版プロダクツ

ISBN 978-4-02-332392-6